自己在家
成功做饼干

杨桃美食编辑部 主编

江苏凤凰科学技术出版社

图书在版编目（CIP）数据

自己在家成功做饼干 / 杨桃美食编辑部主编 .— 南京：江苏凤凰科学技术出版社，2015.7（2019.11 重印）
（食在好吃系列）
ISBN 978-7-5537-4611-1

Ⅰ.①自… Ⅱ.①杨… Ⅲ.①饼干－制作 Ⅳ.①TS213.2

中国版本图书馆 CIP 数据核字 (2015) 第 110355 号

自己在家成功做饼干

主　　编	杨桃美食编辑部
责任编辑	葛　昀
责任监制	方　晨
出版发行	江苏凤凰科学技术出版社
出版社地址	南京市湖南路 1 号 A 楼，邮编：210009
出版社网址	http://www.pspress.cn
印　　刷	天津旭丰源印刷有限公司
开　　本	718mm × 1000mm　1/16
印　　张	10
插　　页	4
版　　次	2015年7月第1版
印　　次	2019年11月第2次印刷
标准书号	ISBN 978-7-5537-4611-1
定　　价	29.80元

导读
INTRODUCTION

饼干，新手也能做成功！

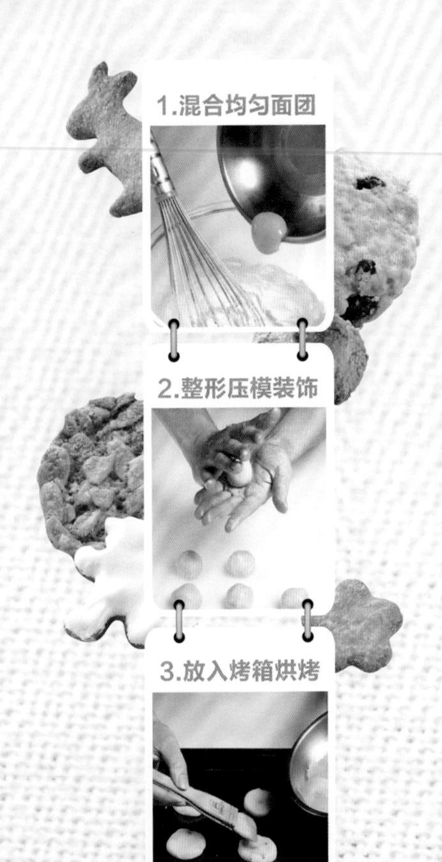

烘焙点心入门就从做饼干开始，不论是中式还是西式，只要备妥材料与工具后，就能很快吃到现烤的小饼干，体验亲手烘焙的乐趣与成就！

手工自制有满满的心意在其中，分赠亲友最贴心，吃在嘴里、幸福在心里。

本书依照难度高低，分级渐进讲解了推压小西饼、冰箱小西饼、挤出小西饼，同时还介绍了中式糕点、饼干材料料理。每一款都色香味俱全、精致美观、简单易学，且都配有示范图片和详细的步骤说明，保证让您轻松上手，一次就成功学会，新手也不会失败！

※ 备注：1 大匙（固体）=15 克
1 小匙（固体）=5 克
1 茶匙（固体）=5 克
1 茶匙（液体）=5 毫升
1 大匙（液体）=15 毫升
1 小匙（液体）=5 毫升
1 杯（液体）=250 毫升

目 录
CONTENTS

PART 1
推压小西饼

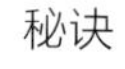

PART 2
冰箱小西饼

PART 3
挤出小西饼

* 饼干装饰与吃法

PART 4 别有滋味的中式糕点

PART 5 巧用饼干材料做料理

制作饼干的基础材料

1 低筋面粉

低筋面粉的蛋清含量在7%~9%之间，因为筋度低，所以适合用来制作筋度较小、不需太大弹性的西点，比如饼干，使用前要先过筛。

2 奶油

奶油是从牛奶中所提炼而成的固态油脂，可让点心的组织柔软及增添风味，使用前要先融化，使用后需放回冰箱冷藏。

3 杏仁粉

杏仁粉是由杏仁磨成，可增加饼干营养与香气，有时还可拿来代替低筋面粉。

4 鸡蛋

鸡蛋是制作中式、西式点心时不可或缺的重要食材，具有凝固性、起泡性及乳化性等特点，是提供蛋清质的主要来源。

5 奶粉

奶粉是饼干散发出淡淡奶香味的主要来源之一，为了方便制作，也可购买市售的鲜奶来使用。

6 糖

制作饼干使用砂糖或糖粉，不但可以调味，还可以使成品呈现蓬松柔软的外观，且糖可以延长食物的保存期限。

制作饼干的基本器具

1 筛网

筛网主要用来将粉类材料过筛，使它在与其他材料混合搅拌时，不至于结块拌不均匀，也让成品口感较为细致。

2 搅拌盆

用于搅拌面糊或盛装其他材料，应准备各种大小规格的盆，会更好操作，最常见的是不锈钢盆及耐热玻璃器皿。

3 刮刀、刮板

要选用弹性良好的橡皮刮刀，可轻易地将黏稠的材料由搅拌盆上刮下，平常可用来当轻微搅拌或混合材料、涂抹馅料的工具。刮板有不锈钢及塑料两种材质，用来混合材料、取出面糊，同时也可用来清洁桌面的面粉，是相当实用的工具。

4 挤花袋、花嘴

为饼干作造型时，挤花袋是非常好用的工具，只要套上不同的花嘴，就可以挤出各种图形。挤花嘴为不锈钢材质并有多种造型，便于将饼干面糊挤在烤盘上。如果没有挤花袋，也可以将材料装入塑料袋，取底部的一端剪个小洞，就是个速成的挤花袋。

5 饼干压模

一般有压克力树脂与金属2种材质，种类相当多，有仅压印出外形的压模，也有直接将面团压出立体形状的模型，后者立体图形愈精细，愈不容易脱模，使用时要特别小心！

6 打蛋器

搅拌器的头端为钢丝制造，便于拌搅均匀粉类材料或打发蛋、奶油等，亦有电动式搅拌机可供省力的选择。

饼干制作不可不知的六大关键

1 粉类过筛防结块

制作饼干时使用率最高的低筋面粉，因为其蛋清质含量较低，即使未受潮，放置一段时间之后依然会结块。将粉类材料过筛，是为了避免结块的粉类材料直接加入其他材料中，导致搅拌不均匀，同时也可以使粉类与奶油拌合时，不会有小颗粒产生，这样烘焙出来的饼干口感才会比较细致。除了面粉之外，其他如泡打粉、玉米粉、可可粉等干粉类材料都要过筛！过筛时，将粉类置于筛网上，一手持筛网，一手轻轻拍打筛网边缘，使粉类经过空中落到搅拌盆中即可。

2 分次加蛋油水不分离

大家或许会认为将材料一次全部加入搅拌比较省事，但是，有些材料是必须先拌匀才能与其他材料混合的。比如在糖油拌合之后，蛋须先打散成蛋液后，再分2~3次加入，因为1个蛋里大约含有74%的水分，如果一次将所有的蛋液全部倒入奶油糊里，油脂和水分不容易结合，造成油水分离，搅合拌匀会非常吃力。切记，材料分次加入才能使成品的口感细致美味！

3 烤箱预热避免失败

烤箱在烘烤之前，必须提前10分钟把烤箱调至烘烤温度空烧，让烤箱提前达到所需要的烘烤温度，使饼干一放进烤箱就可以烘烤，否则烤出来的饼干会又干又硬，影响口感。烤箱预热的动作，也可使饼干面团定型，尤其是乳沫类饼干从打发之后就开始逐渐消泡，更要立刻放入烤箱烘烤。总之，烤箱预热是影响饼干烘烤的成败关键，烤箱愈大，所需的预热时间也就愈长。

4 排放有间隔不沾黏

面团排放在烤盘上，因为加热后会再膨胀，所以中间要有些间隔，以免边缘相互黏在一起。另外，挤在烤盘上的面糊除了彼此之间要留间隔以外，大小厚度也需均匀一致，才不会有的已经烤焦了，有些却还半生不熟。抹平时用手指沾水涂平，较好控制力道且避免沾黏。

5 蛋退冰＆区分蛋黄与蛋清

冷藏在冰箱的鸡蛋，拿出来后要放在室温下让它退冰，不然不容易和其他材料结合，若温度太低会影响蛋的打发效果，做出来的饼干口感组织就不是非常理想。

制作饼干时，经常会碰到要将蛋黄和蛋清分开处理的情况。至于分蛋的方法，一般就是将蛋壳敲分成两半，直接利用蛋壳将蛋黄左右移动盛装，蛋清自然而然就会流到下面的容器中，蛋壳中便剩下沥除蛋清的蛋黄了。要是担心将蛋黄弄破的话，市面上还有一种分蛋器，只要将整颗蛋打入分蛋器中，蛋清就会自动沥除而留下一颗完整的蛋黄，也是非常便利的一种工具。

6 奶油融化利于拌匀

奶油冷藏或冷冻后，质地会变硬，如果在制作前没有事先取出退冰软化，将会难以操作打发，融化奶油打发后，才适合与其他粉类搅拌，否则面团会变得很硬。视制作时的不同需求，则有软化奶油或将奶油完全融化两种不同的处理方法。

奶油退冰软化的方法，最简单就是取出置放于室温下待其软化，至于需要多久时间则不一定，视奶油先前是冷藏或冷冻、分量多寡以及当时的气温而定，奶油只要软化至用手指稍使力按压，可以轻易被手压出凹陷的程度就可以了。如果是要制作挤压类的奶油，则需完全融化成液态才行。但奶油无论放置室温下多久，是无法完全融化成液态的，因此奶油需加热才能改变形态，可用瓦斯炉加热或放在热烤箱旁边使其完全融化。

帮饼干变身的模型、花嘴

运用模型能让饼干有更多造型，还能让饼干成品更加漂亮。另外，挤花袋是非常好用的工具，只要套上不同的花嘴，就可以挤出各种图形，都是让饼干外观更美丽的小技巧。

帮饼干变身的食材

饼干除了造型能做变化之外，也可以加入一些配角食材，既可以让口味有更多变化，还可以作为饼干的装饰食材。葡萄干、坚果类若是加在面糊中，因颗粒较大的缘故就得使用较大的平口花嘴，或者不套用花嘴直接使用挤花袋，以免颗粒稍大的材料无法随面糊挤出来。

三种做饼干方法的差异介绍

	推压小西饼	冰箱小西饼	挤出小西饼
	利用造型丰富的饼干压模，一次就让你玩个过瘾。	饼干的好滋味教你用一把小刀就能切割出。	利用不同的挤花嘴，教你打造出亮丽造型的挤花饼干。
奶油处理过程	 打发奶油	 打发奶油	 融化奶油
 整型制作方式	 用手整型　用模型压	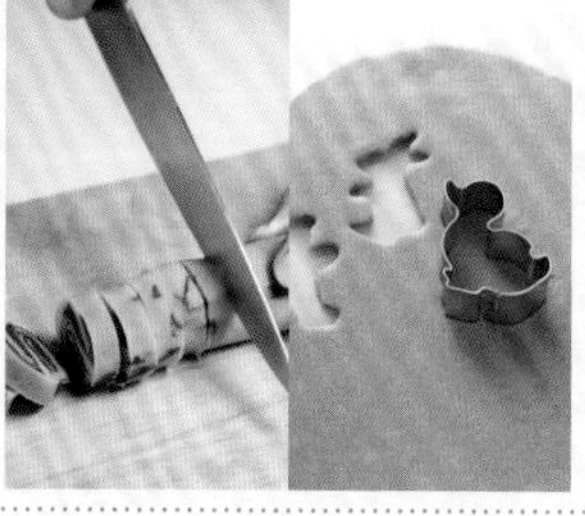  用刀切　用模型压	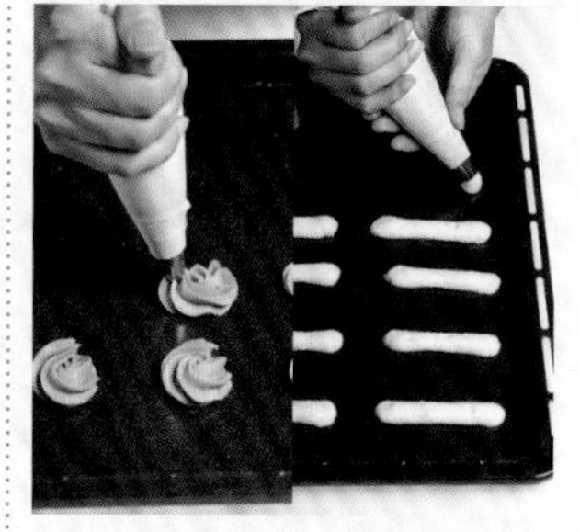 用花嘴挤出
 面团处理方式	 面团不需冰藏	 面团需冰藏	 视情况而决定，面团可冰藏帮助操作，或直接操作。

PART 1

推压小西饼

难易度★☆☆☆☆

推压小西饼非常酥松，大部分材料中奶油含量比糖分多、糖又多过水分，散发着香郁的奶油味，是伴随着许多人成长的饼干小点心，一口咬下熟悉的味道，仿佛唤醒了童年的回忆。小西饼在口感上比挤出小西饼稍微酥些，常将面团分成小块，或搓成小圆球再稍微压扁。

卡尔斯咖啡煎饼

材料

Ⓐ

奶油	125克
糖粉	95克

Ⓑ

鸡蛋	1个
咖啡精	7克
动物性鲜奶油	7克
炼乳	13克

Ⓒ

低筋面粉	130克

做法

❶ 取一搅拌盆装入材料A，用打蛋器打发后，分2~3次加入打散的鸡蛋打匀，再加入剩余的材料B一起拌匀，续加入过筛的低筋面粉，搅拌均匀成面团。

❷ 将做法1的面团平均成20等份，搓圆后压扁，整型成扁圆状的小面团。

❸ 将小面团排放在烤盘上，移入已预热的烤箱中，以上火170℃、下火170℃，烤15~18分钟，至酥脆状后取出待凉即可。

松子饼干

材料

Ⓐ

奶油	105克
糖粉	65克

Ⓑ

牛奶	20毫升

Ⓒ

低筋面粉	130克
泡打粉	2克
椰子粉	30克
麦片	25克
松子	30克
巧克力米	30克

做法

1. 取一搅拌盆装入材料A，用打蛋器打发后，加入牛奶拌匀，再加入过筛的低筋面粉、泡打粉，续加入剩余的材料C，搅拌均匀成面团。
2. 将做法1的面团平均成20等份，搓圆后压扁，整型成扁圆状的小面团。
3. 将小面团排放在烤盘上，移入已预热的烤箱中，以上火170℃、下火170℃，烤15~18分钟，至酥脆状后取出待凉即可。

柠檬饼干

材料

Ⓐ

奶油	120克
糖粉	50克

Ⓑ

鸡蛋	1个

Ⓒ

低筋面粉	200克
杏仁粉	50克
泡打粉	1/2茶匙
柠檬（取碎柠檬皮和汁）	1/4个

做法

❶ 取一搅拌盆装入材料A，用打蛋器打发后， 分2~3次加入打散的鸡蛋打匀，再加入过筛的低筋面粉，续加入剩余的材料C，搅拌均匀成面团。

❷ 将做法1的面团平均成20等份，搓圆后压扁，整型成扁圆状的小面团。

❸ 将小面团排放在烤盘上，移入已预热的烤箱中，以上火170℃、下火170℃，烤15~18分钟，至酥脆状后取出待凉即可。

烘培笔记

制作碎柠檬皮时，只要将外层的绿皮切碎即可，内层白色部分要去掉，否则饼干会带有苦味。

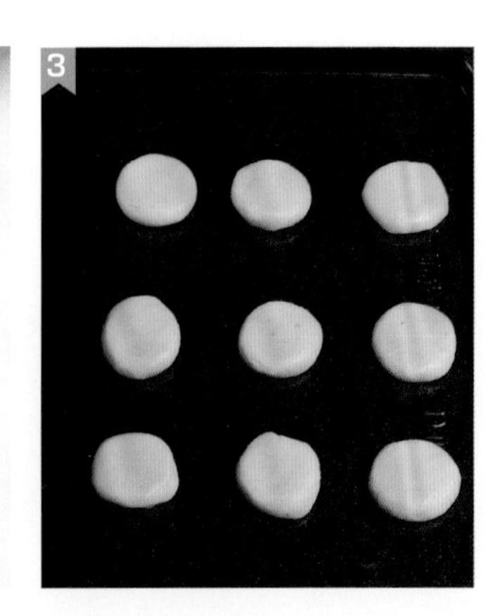

葡萄燕麦饼干

材料

A

奶油	60克
食品级白油	35克
细砂糖	50克

B

鸡蛋	1个

C

低筋面粉	125克
泡打粉	2克
葡萄干	85克
燕麦	75克

做法

1. 取一搅拌盆装入材料A，用打蛋器打发后，分2~3次加入打散的鸡蛋打匀，再加入过筛的低筋面粉，续加入剩余的材料C，搅拌均匀成面团。
2. 将做法1的面团平均成20等份，搓圆后压扁，整型成扁圆状的小面团。
3. 将小面团排放在烤盘上，移入已预热的烤箱中，以上火170℃、下火170℃，烤15~18分钟，至酥脆状后取出待凉即可。

榛果球饼干

材料

Ⓐ

奶油	125克
细砂糖	40克

Ⓑ

低筋面粉	170克
榛果仁	125克

Ⓒ

香草精	少许

Ⓓ

细砂糖	适量

做法

1. 取一搅拌盆装入材料A，用打蛋器稍微打发后，加入过筛的低筋面粉与榛果仁拌匀，再加入香草精搅拌均匀成面团。
2. 将做法1的面团平均成20等份，搓圆后整型成小球状面团，再均匀沾上材料D中的细砂糖。
3. 将小面团排放在烤盘上，移入已预热的烤箱中，以上火150℃、下火150℃，烤约20分钟，至酥脆状后取出待凉即可。

吉士饼干

材料

Ⓐ

奶油	120克
细砂糖	45克

Ⓑ

鸡蛋	1个

Ⓒ

低筋面粉	240克
盐	2克
吉士粉	30克

做法

1. 取一搅拌盆装入材料A，用打蛋器打发后，分2~3次加入打散的鸡蛋打匀，再加入过筛的低筋面粉，续加入剩余的材料C，搅拌均匀成面团。
2. 将做法1的面团平均成20等份，搓圆后压扁，整型成扁圆状的小面团。
3. 将小面团排放在烤盘上，移入已预热的烤箱中，以上火170℃、下火170℃，烤15~18分钟，至酥脆状后取出待凉即可。

姜饼

材料

Ⓐ

奶油	30克
红糖	85克
蜂蜜	85毫升

Ⓑ

牛奶	25毫升

Ⓒ

低筋面粉	225克
姜粉	4克
苏打粉	1克
肉桂粉	1克
荳蔻粉	1克

做法

1. 取一搅拌盆装入材料A煮融至65℃，加入牛奶拌匀，再加入过筛的低筋面粉，续加入剩余的材料C，搅拌均匀成面团。
2. 将做法1的面团放入冰箱冷藏1小时，取出后将面团擀到0.8厘米厚，再用菊花圆模压成40等份的小面团。
3. 将小面团排放在烤盘上，移入已预热的烤箱中，以上火180℃、下火180℃，烤12~15分钟，至酥脆状后取出待凉即可。

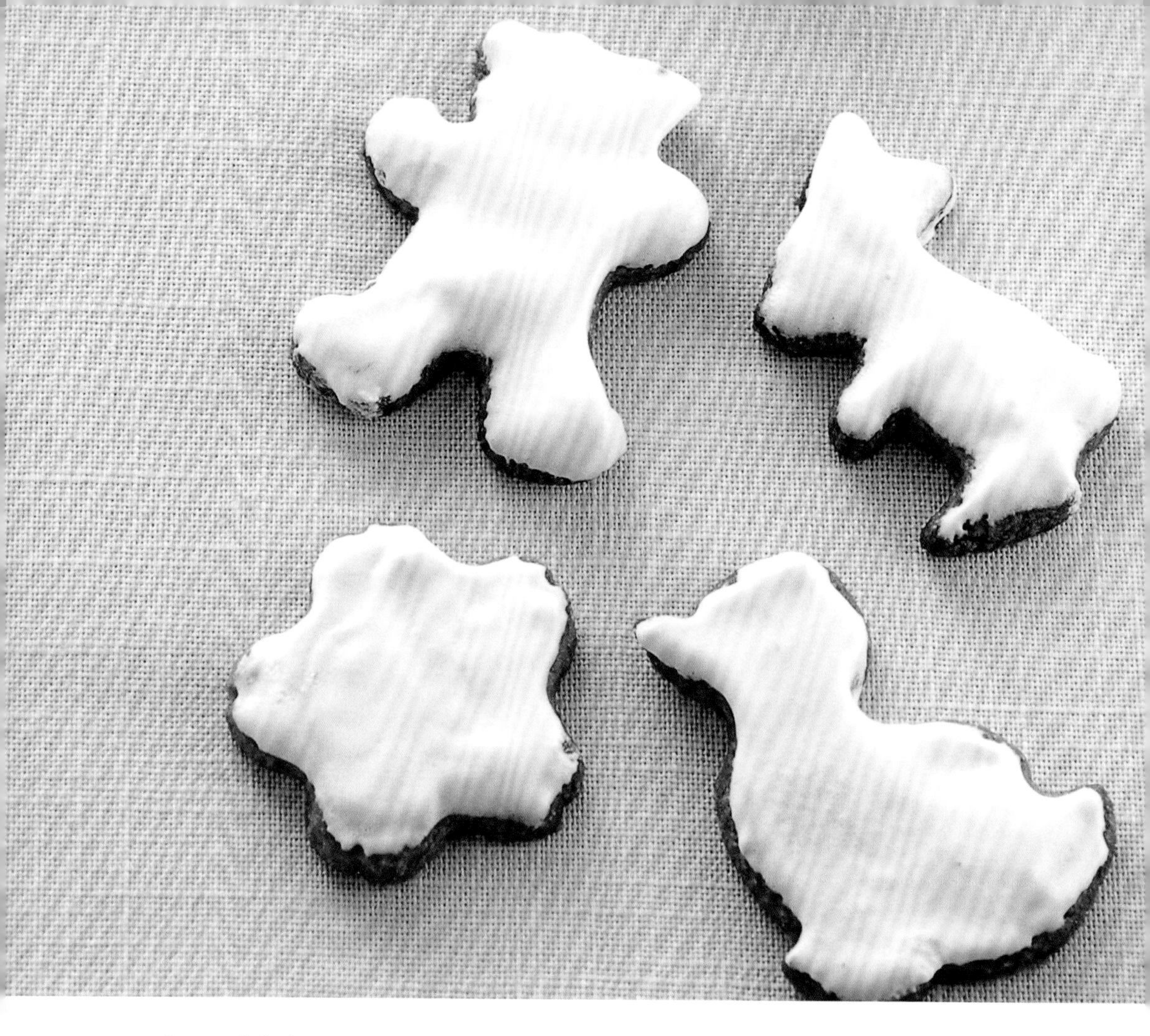

圣诞饼干

材料

Ⓐ

枫糖浆	10克
蛋清	40克
糖粉	150克

Ⓑ

杏仁粉	200克
肉桂粉	2克

Ⓒ

蛋清糖霜	适量

蛋清糖霜

材料：蛋清50克、糖粉165克

做法：将蛋清与糖粉打发至硬性发泡即可。

做法

1. 取一搅拌盆装入材料A拌匀，再加入材料B，搅拌均匀成面团。
2. 将做法1的面团放入冰箱冷藏1小时，取出后将面团擀到0.4厘米厚，再用动物造型模型压成40等份的小面团。
3. 将做法2的小面团排放在烤盘上，移入已预热的烤箱中，以上火180℃、下火180℃，烤15~18分钟，至酥脆状后取出，表面均匀刷上蛋清糖霜，待冷却即可。

桃酥

材料

Ⓐ

低筋面粉	330克
泡打粉	2克

Ⓑ

猪油	165克
绵白糖	65克
细砂糖	100克
盐	2克
鸡蛋	1个
苏打粉	4克

Ⓒ

碎核桃仁	50克

做法

1. 将材料A过筛，加入拌匀的材料B，再加入材料C搅拌均匀成面团。
2. 将做法1的面团以每个50克的重量平均成20等份，搓圆后整型成圆饼状的小面团，于正中央略压出一点深度。
3. 将小面团排放在烤盘上，移入已预热的烤箱中，以上火180℃、下火180℃，烤20~25分钟，至酥脆状后取出待凉即可。

葡萄奶酥饼干

材料

Ⓐ

奶油	95克
糖粉	80克

Ⓑ

蛋黄	40克

Ⓒ

低筋面粉	160克
盐	少许
泡打粉	少许
苏打粉	少许
葡萄干	适量

Ⓓ

蛋黄	2颗

做法

1. 取一搅拌盆装入材料A，用打蛋器打发后，加入材料B中的蛋黄拌匀，再加入过筛的低筋面粉，续加入剩余的材料C，搅拌均匀成面团。
2. 将做法1的面团平均成20等份，搓圆后压扁，整型成扁圆状的小面团，于表面抹上材料D打散的蛋黄。
3. 将小面团排放在烤盘上，移入已预热的烤箱中，以上火180℃、下火180℃，烤15~18分钟，至酥脆状后取出待凉即可。

烘培笔记

葡萄干使用前，先用朗姆酒或水浸泡几个小时，这样可使饼干增加风味，烤出后葡萄干也较不易脱落。

1

2

3

希腊奶油酥饼

材料

Ⓐ

奶油　165克
糖粉　10克

Ⓑ

蛋黄　13克
柳橙汁　13毫升
白兰地　5毫升

Ⓒ

低筋面粉　215克
苏打粉　1克

Ⓓ

糖粉　适量
丁香　20颗

做法

1. 取一搅拌盆装入材料A，用打蛋器打发后，加入材料B拌匀，再加入过筛的低筋面粉与苏打粉，搅拌均匀成面团。
2. 将做法1的面团平均成20等份，搓圆后压扁，整型成扁圆状的小面团，均匀裹上材料D中的糖粉，并分别在正中央放一颗丁香。
3. 将小面团排放在烤盘上，移入已预热的烤箱中，以上火180℃、下火180℃，烤18~20分钟，至酥脆状后取出待凉即可。

杏仁球饼干

材料

Ⓐ

奶油　125克

细砂糖　40克

Ⓑ

低筋面粉　170克

杏仁角　125克

Ⓒ

香草精　少许

Ⓓ

细砂糖　适量

做法

1. 取一搅拌盆装入材料A，用打蛋器稍微打发后，加入过筛的低筋面粉与杏仁角拌匀，再加入香草精搅拌均匀成面团。
2. 将做法1的面团平均成20等份，搓圆后整型成小球状面团，再均匀沾上材料D的细砂糖。
3. 将小球状面团排放在烤盘上，移入已预热的烤箱中，以上火150℃、下火150℃，烤约20分钟，至酥脆状后取出待凉即可。

椰子蛋清饼

材料

Ⓐ

蛋清　75克

细砂糖　150克

Ⓑ

低筋面粉　25克

椰子粉　125克

做法

1. 取一搅拌盆装入材料A，加热至完全融化，再加入过筛的低筋面粉与椰子粉，搅拌均匀成面团。
2. 将做法1的面团平均成20等份，搓圆后压扁，整型成三角锥状的小面团。
3. 将小面团排放在烤盘上，移入已预热的烤箱中，以上火180℃、下火180℃，烤约25分钟，至酥脆状后取出待凉即可。

巧克力糖球饼干

材料

A

奶油	80克
糖粉	80克

B

鸡蛋	70克

C

低筋面粉	95克
泡打粉	15克
高筋面粉	60克
杏仁粉	50克
巧克力粉	30克

做法

1. 取一搅拌盆装入材料A，用打蛋器稍微打发后，分2~3次加入打散的鸡蛋打匀，再加入过筛的材料C，搅拌均匀成面团。
2. 将做法1的面团平均成20等份，搓圆后整型成小圆球状面团，再略为压扁。
3. 将扁圆状面团排放在烤盘上，移入已预热的烤箱中，以上火170℃、下火170℃，烤约20分钟，至酥脆状后取出待凉即可（可于表面撒上少许糖粉装饰）。

桃心小饼干

材料

鸡蛋	240克
蛋黄	40克
细砂糖	200克
盐	4克
低筋面粉	240克
草莓酱香料	5克
糖粉	适量

做法

1. 将鸡蛋、蛋黄一起打散成蛋液后，再放入细砂糖、盐打至乳沫状。
2. 继续加入过筛的低筋面粉、草莓酱香料搅拌均匀，即为面糊。
3. 烤盘铺上白报纸后，将面糊装入挤花袋中，并使用圆孔平口花嘴，再把面糊挤成心形形状放置在烤盘上，并撒上糖粉，放入烤箱中以上火210℃、下火140℃烤8~10分钟即可。

蜜栗饼干

材料

奶油	120克
糖粉	70克
盐	1克
鸡蛋	20克
高筋面粉	100克
低筋面粉	100克
泡打粉	1克
奶粉	8克
水	30毫升

内馅材料

蜜栗子	适量
蜂蜜	适量

装饰材料

打发的鲜奶油 适量

做法

1. 所有材料放入干净无水的搅拌缸中，以桨状搅拌器搅打至微发状。
2. 将做法1分割为每份约25克的小面团，整形为圆饼状，放入烤盘中。
3. 将蜜栗子和蜂蜜混合均匀，放入每个做法2饼干上，移入预热好的烤箱中，以上火200℃、下火180℃烘烤约15分钟。
4. 取出做法3，待冷却后放入盘中，挤上打发的鲜奶油装饰即可。

love

卡片饼干

材料

材料	用量
细砂糖	100克
奶油	90克
鸡蛋	1个
低筋面粉	160克
高筋面粉	40克
可可粉	1大匙
牛奶巧克力	50克

做法

1. 奶油软化后，与细砂糖一起打至松发变白。
2. 鸡蛋打散成蛋液，分2~3次倒入做法1中拌匀，再筛入低筋面粉、高筋面粉搅拌均匀，即为面团。
3. 取1/2做法2的面团与可可粉拌匀后，放入塑料袋中，先以手压平，再用擀面棍擀成约0.5厘米厚的片状，以心形模型压出数个心形。
4. 其余面团放入塑料袋中，先以手压平后，再用擀面棍擀成约0.5厘米厚的片状。
5. 用波浪形轮刀在做法4的面团上切割出7x9厘米的长方形后，再以心形模型压出心形，心形面团取出备用，此心形空洞置入做法3的心形可可面团，再用吸管在长方形面团上方钻一小孔，以便烘烤后可绑缎带装饰用。（两色面团可交换使用）
6. 烤盘铺上烤盘纸，将做法5排入烤盘中，放进预热好的烤箱上层，以180℃烤约20分钟，取出待凉。
7. 将牛奶巧克力以隔水加热的方式融化，再装入小挤花袋中，在饼干上挤出自己喜欢的字形即可。

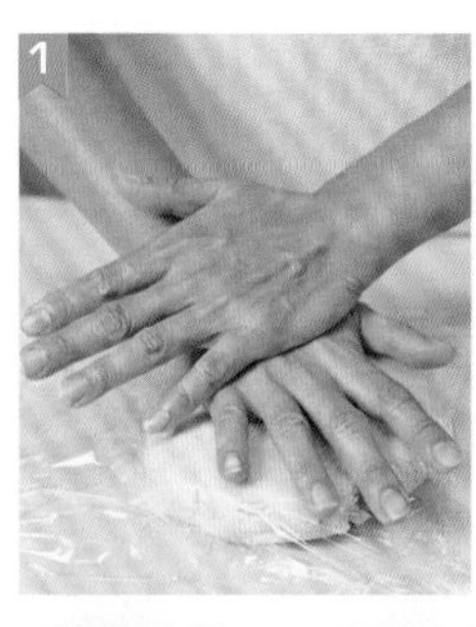

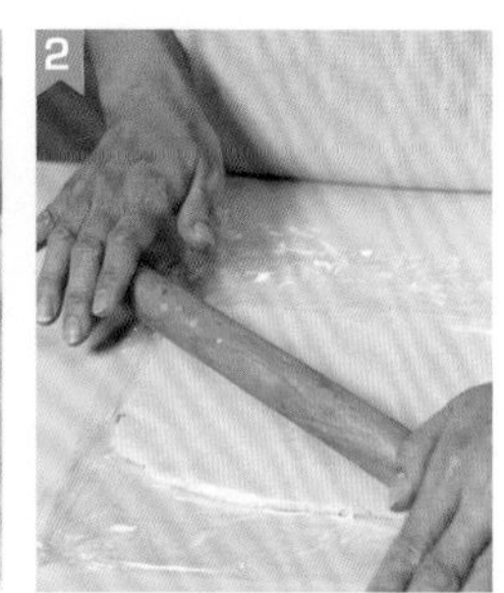

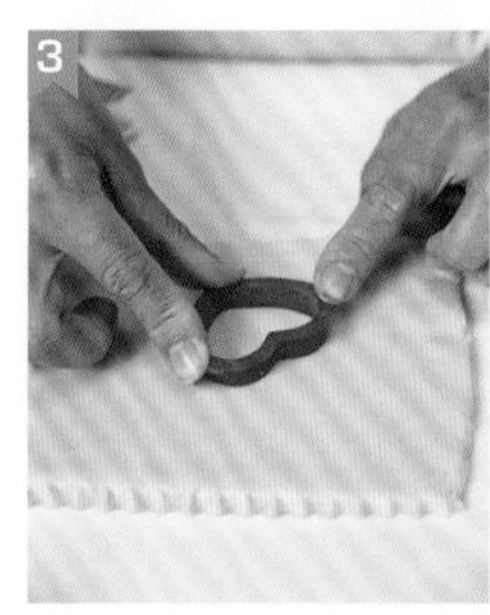

罗利蓝莓烧

材料

奶油	250克
细砂糖	150克
蛋黄	55克
高筋面粉	200克
低筋面粉	200克
蓝莓酱	适量
樱桃酱	适量

做法

1. 将软化的奶油、细砂糖一起放入容器内，用打蛋器打至松发。
2. 蛋黄打散成蛋液后，分2~3次慢慢加入做法1中拌匀。
3. 继续加入过筛的高筋面粉、低筋面粉搅拌均匀，即为面团。
4. 将面团分切成每份约30克的小面团，再放入圆形模型中，用手将面团挤压成小塔皮状后，在塔皮中间处填入蓝莓酱或樱桃酱。
5. 将做法4的材料放入烤盘中，以上火180℃、下火150℃烤约20分钟即可。

小岩烧

材料

奶油	75克
糖粉	75克
鸡蛋	1个
低筋面粉	150克
可可粉	12克
肉桂粉	1小匙
小苏打	1小匙
碎核桃仁	100克
巧克力	50克

做法

1. 将软化的奶油、过筛的糖粉一起放入容器内，用打蛋器打至松发。
2. 鸡蛋打散成蛋液后，分2~3次慢慢加入做法1中拌匀。
3. 继续加入过筛的低筋面粉、可可粉、肉桂粉、小苏打，使用刮刀搅拌均匀，即为面团。
4. 把面团分切成每份约15克的小面团后，将小面团搓成圆球状并沾取适量的碎核桃仁，再以大拇指在中间处压出一个凹陷后，放入烤盘中，以上火180℃、下火120℃烤18分钟。
5. 巧克力隔水加热融化后装入挤花袋中，再将巧克力液挤在饼干中间处，待冷却凝结即可。

卡布其诺卡片饼干

材料

奶油	80克
糖粉	100克
蛋清	140克
杏仁粉	180克
低筋面粉	350克
可可粉	6克
咖啡酱香料	5克
鸡蛋液	适量

做法

1. 将软化的奶油、过筛的糖粉一起放入容器内，用打蛋器打至松发。
2. 蛋清打散后，分2~3次慢慢加入做法1中拌匀。
3. 继续加入过筛的低筋面粉、杏仁粉搅拌均匀，即为原味面团。
4. 将原味面团分切成2份，取其中1份加入可可粉、咖啡酱香料拌匀成咖啡色的面团。
5. 再将2种口味的面团用擀面棍擀成约0.5厘米厚的薄片状面皮，再依序压入自己喜欢的模型容器内相迭一起，表面再抹上鸡蛋液后排入烤盘中，以上火160℃、下火120℃烤约20分钟即可。

澳门奶酥饼

材料

奶油	250克
糖粉	150克
奶粉	20克
鸡蛋	1个
中筋面粉	480克
小苏打	1小匙
南瓜子仁	40克
核果	40克

做法

1. 将软化的奶油、过筛的糖粉一起放入容器内，用打蛋器打至松发。
2. 鸡蛋打散成蛋液后，分2~3次慢慢加入做法1中拌匀。
3. 将奶粉、中筋面粉、小苏打一起过筛后，放入做法2中搅拌至无干粉状，再放入南瓜子仁、核果拌匀。
4. 把做法3的面团平均分成每份约15克的小面团后，再将小面团压入模型中（容器中先撒上少许高筋面粉），放入烤箱中以上火170℃、下火140℃烤约20钟即可。

明治饼干

材料

奶油	240克
糖粉	160克
鸡蛋	1个
低筋面粉	180克
高筋面粉	180克
奶粉	10克
小苏打	1小匙
抹茶粉	6克

做法

1. 将软化的奶油、过筛的糖粉一起放入容器内，用打蛋器打至松发。
2. 鸡蛋打散成蛋液后，分2~3次慢慢加入做法1中拌匀。
3. 继续加入过筛的低筋面粉、高筋面粉、奶粉、小苏打、抹茶粉搅拌均匀，即为面团。
4. 将面团分切成每份20克的小面团，再用手揉搓成圆球状后略施力气向下压，最后在表面上交叉斜划出线条后放入烤盘中，以上火170℃、下火140℃烤约20分钟即可。

高钙奶酪饼

材料

奶油	150克
细砂糖	120克
蜂蜜	10毫升
鸡蛋	1个
低筋面粉	200克
高钙奶酪粉	25克
巧克力	适量

做法

1. 将软化的奶油、细砂糖、蜂蜜一起放入容器内，用打蛋器打至均匀。
2. 鸡蛋打散成蛋液后，分2~3次慢慢加入做法1中拌匀。
3. 继续加入过筛的低筋面粉、高钙奶酪粉搅拌均匀，即为面糊。
4. 将面糊装入挤花袋中，使用齿形花嘴将面糊挤成3朵贝壳形状为一组的饼干面糊，并放置在铺有烤盘纸的烤盘上，以上火180℃、下火130℃烤约20分钟。
5. 巧克力隔水加热融化后，将做法4烤好的饼干沾取适量巧克力液，待冷却凝结即可。

小甜饼

材料

糖粉	80克
奶油	53克
盐	3克
鸡蛋	1个
低筋面粉	200克
泡打粉	2克
甜酒	适量

做法

1. 糖粉、奶油、盐放入干净无水的钢盆中，搅打至微发状态，分数次加入打散的鸡蛋搅拌均匀（每次加入均需搅拌至均匀以防止糖油分离），再加入过筛过的低筋面粉、泡打粉继续搅拌至均匀。
2. 将做法1分割为每份约25克的小面团，整成圆形，移入预热好的烤箱中，以上火200℃、下火180℃烘烤约20分钟。
3. 取出做法2放凉，食用时先浸泡在甜酒中约3秒钟即可。

杏仁小松饼

材料

低筋面粉	100克
奶油	70克
糖粉	40克
奶粉	15克
鸡蛋	20克
泡打粉	1克
杏仁粉	100克

做法

1. 将杏仁粉之外的所有材料放入干净无水的搅拌缸中，以桨状搅拌器搅打至微发状态。
2. 将做法1分割为每份15克的小面团，表面均匀沾上杏仁粉，移入预热好的烤箱中，以上火200℃、下火180℃烘烤约15分钟即可。（食用时可沾上融化的巧克力）

千层巧杏酥

材料

Ⓐ

奶油	30克
高筋面粉	220克
低筋面粉	60克
细砂糖	15克
水	150毫升
裹入油	230克
杏仁角	300克

Ⓑ

蛋清	30克
糖粉	100克

做法

1. 奶油软化后，加入过筛的高筋面粉、低筋面粉和细砂糖、水一起混合搅拌均匀，即为面团。
2. 将做法1的面团放置室温中松弛15分钟后，用刀在面团上切十字刀痕。
3. 先用手略将面团四角压平往外延展，再用擀面棍擀成四角形。
4. 将裹入油用擀面棍擀成小于做法3面团尺寸的长方形后，叠在面团上。
5. 将面团的四边向内往中间折叠，并用手整理压紧。
6. 在桌面撒上高筋面粉，用擀面棍将面团擀成长方形。
7. 将长方形面团向内往中间叠成3折（用刷子刷掉沾在面团上的高筋面粉），放置室温松弛15分钟。如此重复做法6与做法7共3次。
8. 将材料B的糖粉过筛后，加入蛋清一起混合搅拌均匀，即为蛋清霜。
9. 将做法7的面团擀成约0.5厘米厚的面皮，表面涂上蛋清霜。
10. 再撒上杏仁角，放入冰箱冷藏至稍微变硬后，用轮刀切割成数个长7厘米、宽2厘米的长方形，放置室温松弛15分钟，再放入已预热好的烤箱上层，以210℃烤约12分钟即完成。

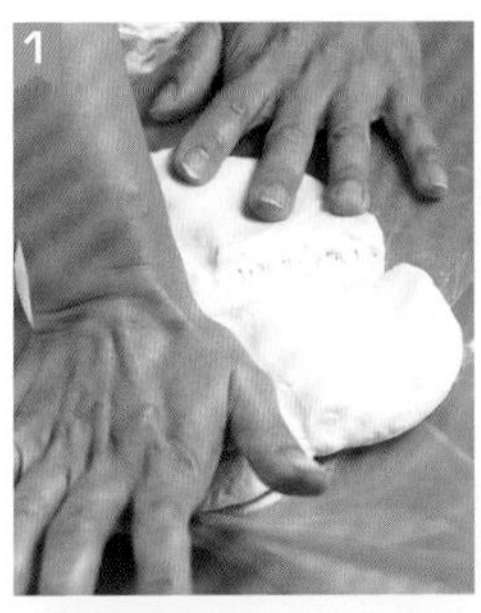

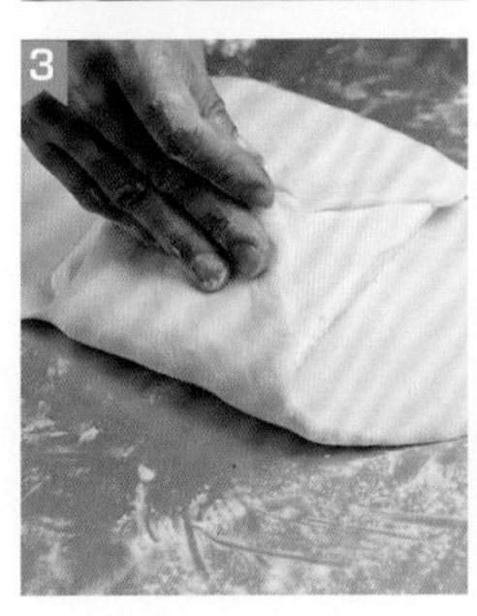

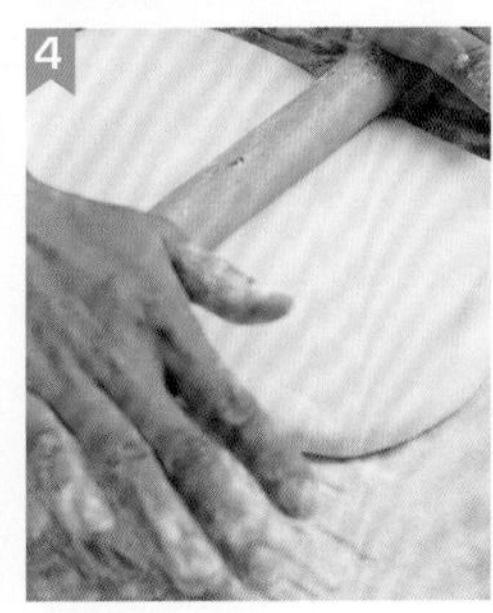

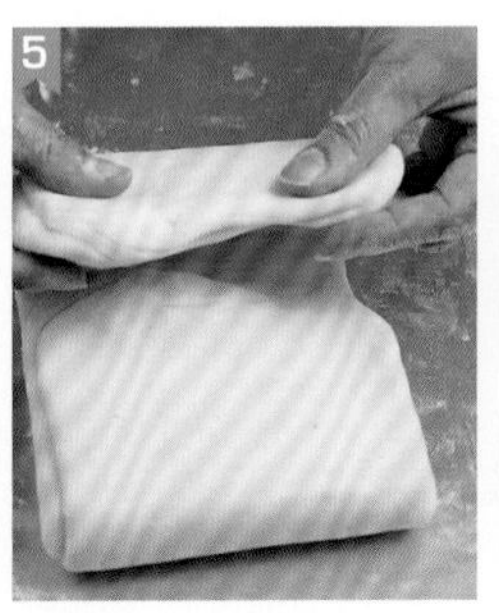

杏仁瓦片

材料

蛋清	120克
细砂糖	90克
奶油	30克
低筋面粉	20克
玉米粉	20克
杏仁片	170克

做法

1. 蛋清加入细砂糖一起轻轻拌匀。
2. 将奶油隔水加热融化后，倒入做法1的材料中拌匀。
3. 低筋面粉、玉米粉过筛后，加入做法2的材料中一起拌匀再过筛一次，再加入杏仁片混合均匀，即为杏仁片面糊。
4. 烤盘布上放好模板，将杏仁片面糊用汤匙舀入模板内摊平，并且注意杏仁片不要重叠，放入已预热好的烤箱上层，以180℃烤15~20分钟即可。

烘培笔记

烤盘上一定要放置烤盘布，否则烤好后的饼干会粘在烤盘上面。

椰子球

材料

蛋清	100克
细砂糖	120克
椰子粉	200克

做法

1. 将蛋清用搅拌机以中速打至湿性发泡后，加入细砂糖继续打至硬性发泡。
2. 将椰子粉加入做法1中搅拌均匀，捏成球状，放入已铺烤盘纸的烤盘上，放进已预热好的烤箱上层，以170℃烤约15分钟即可。

核桃球饼干

材料

Ⓐ

奶油	125克
细砂糖	40克

Ⓑ

低筋面粉	170克
碎核桃仁	125克

Ⓒ

香草精	少许

Ⓓ

细砂糖	适量

做法

1. 取一搅拌盆装入材料A，用打蛋器稍微打发后，加入过筛的低筋面粉与碎核桃仁拌匀，再加入香草精搅拌均匀成面团。
2. 将做法1的面团平均成20等份，搓圆后整型成小球状面团，再均匀沾上材料D的细砂糖。
3. 将做法2的小球状面团排放在烤盘上，移入已预热的烤箱中，以上火150℃、下火150℃，烤约20分钟，至酥脆状后取出待凉即可。

奶油巧心咖啡酥

材料

奶油	100克
糖粉	60克
鸡蛋	1个
低筋面粉	100克
泡打粉	2克
即溶咖啡粉	3克
鲜奶油	60克
牛奶	20毫升

做法

1. 奶油软化后，加入过筛的糖粉一起打至松发变白。
2. 鸡蛋打散成蛋液后，分2~3次加入做法1中搅拌均匀，再加入过筛的低筋面粉、泡打粉一起拌匀备用。
3. 将即溶咖啡粉和鲜奶油、牛奶混合拌匀后，倒入做法2的材料中一起搅拌均匀，即为咖啡面糊。
4. 在烤盘布上放置长方形模板，把做法3的咖啡面糊用汤匙舀入并抹平，取下模板后，放入已预热的烤箱上层，以180℃烤约10分钟。
5. 烤好的饼干待凉后，在上下两片饼干中间夹入咖啡奶油夹心酱即完成。

咖啡奶油夹心酱

材料： 奶油40克、雪白油60克、盐1克、糖粉100克、奶粉10克、即溶咖啡粉8克、牛奶20毫升

做法： 1. 奶油软化后，加入雪白油、盐、过筛的糖粉和奶粉，利用搅拌器一起打发，即为基本奶油夹心酱。

2. 先将即溶咖啡粉、牛奶一起搅拌均匀，再加入做法1的基本奶油酱拌匀即完成。

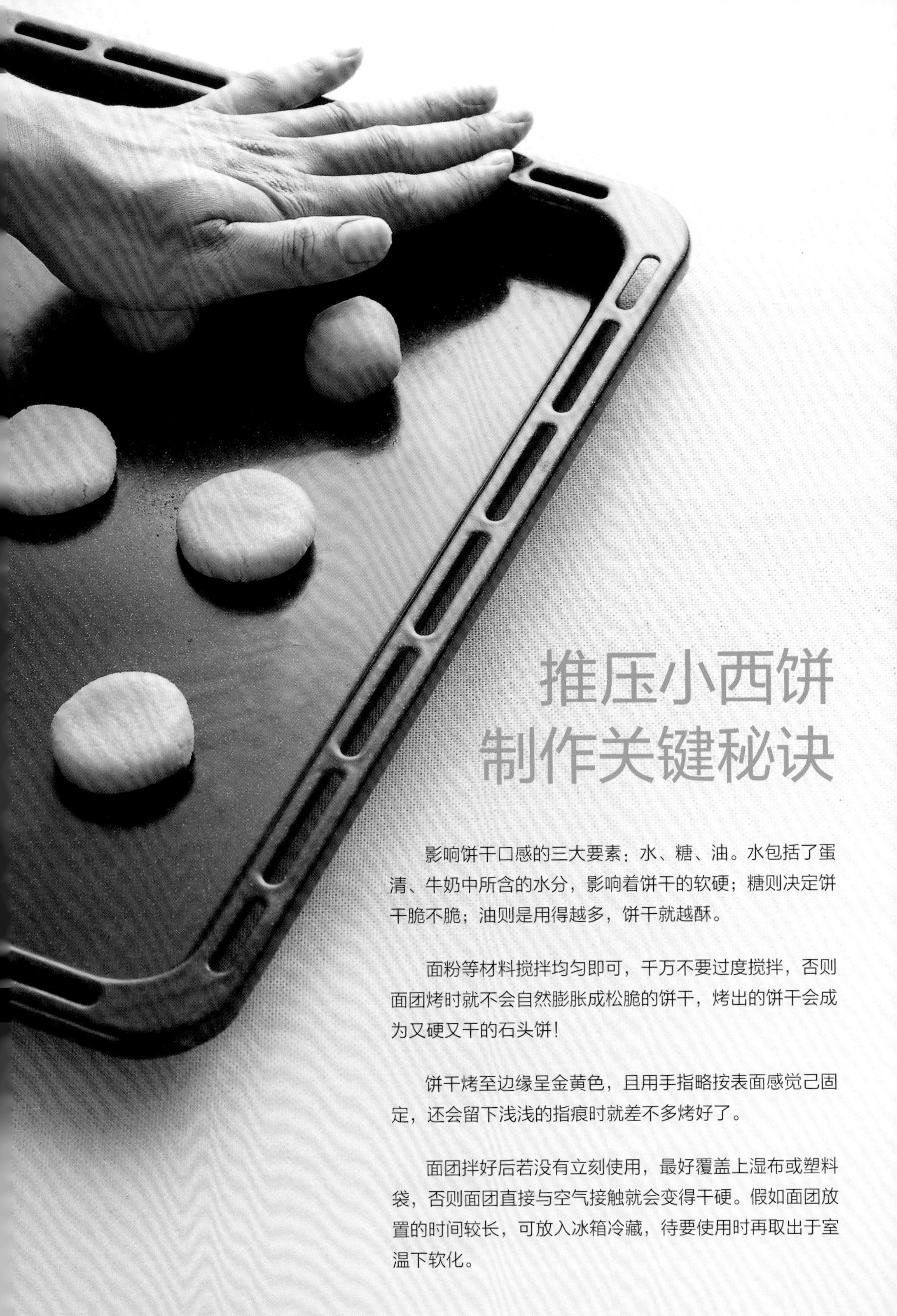

推压小西饼制作关键秘诀

影响饼干口感的三大要素：水、糖、油。水包括了蛋清、牛奶中所含的水分，影响着饼干的软硬；糖则决定饼干脆不脆；油则是用得越多，饼干就越酥。

面粉等材料搅拌均匀即可，千万不要过度搅拌，否则面团烤时就不会自然膨胀成松脆的饼干，烤出的饼干会成为又硬又干的石头饼！

饼干烤至边缘呈金黄色，且用手指略按表面感觉己固定，还会留下浅浅的指痕时就差不多烤好了。

面团拌好后若没有立刻使用，最好覆盖上湿布或塑料袋，否则面团直接与空气接触就会变得干硬。假如面团放置的时间较长，可放入冰箱冷藏，待要使用时再取出于室温下软化。

PART 2

冰箱小西饼

难易度★★☆☆☆

冰箱小西饼的特性为酥硬性，只要一次将面团做好，放进冰箱冷冻起来，要吃多少再取出多少来切片，或用压模印出花样后烘烤，简直就是为偷懒又要享受自己动手DIY乐趣的人量身打造的饼干。由于酥硬性小西饼的奶油与糖含量差不多，水分较少，容易揉搓成团，常揉成圆柱形或方柱形，放进冰箱冷冻或冷藏，所以有冰箱小西饼之称。

鲜奶饼干

材料

Ⓐ

奶油	115克
糖粉	50克
炼乳	65克

Ⓑ

鸡蛋	1个
香草精	少许

Ⓒ

低筋面粉	115克
奶粉	35克
泡打粉	2克

做法

1. 取一搅拌盆装入材料A，用打蛋器打发后，分2~3次加入打散的鸡蛋打匀，再加入香草精拌匀，续加入过筛的低筋面粉与剩余的材料C，搅拌均匀成面团。
2. 将做法1的面团搓成圆长条状，放入冰箱冷藏1小时，取出后将面团切成0.6厘米厚的小面团约20等份。
3. 将做法2的小面团排放在烤盘上，移入已预热的烤箱中，以上火170℃、下火170℃，烤约20分钟，至酥脆状后取出待凉即可。

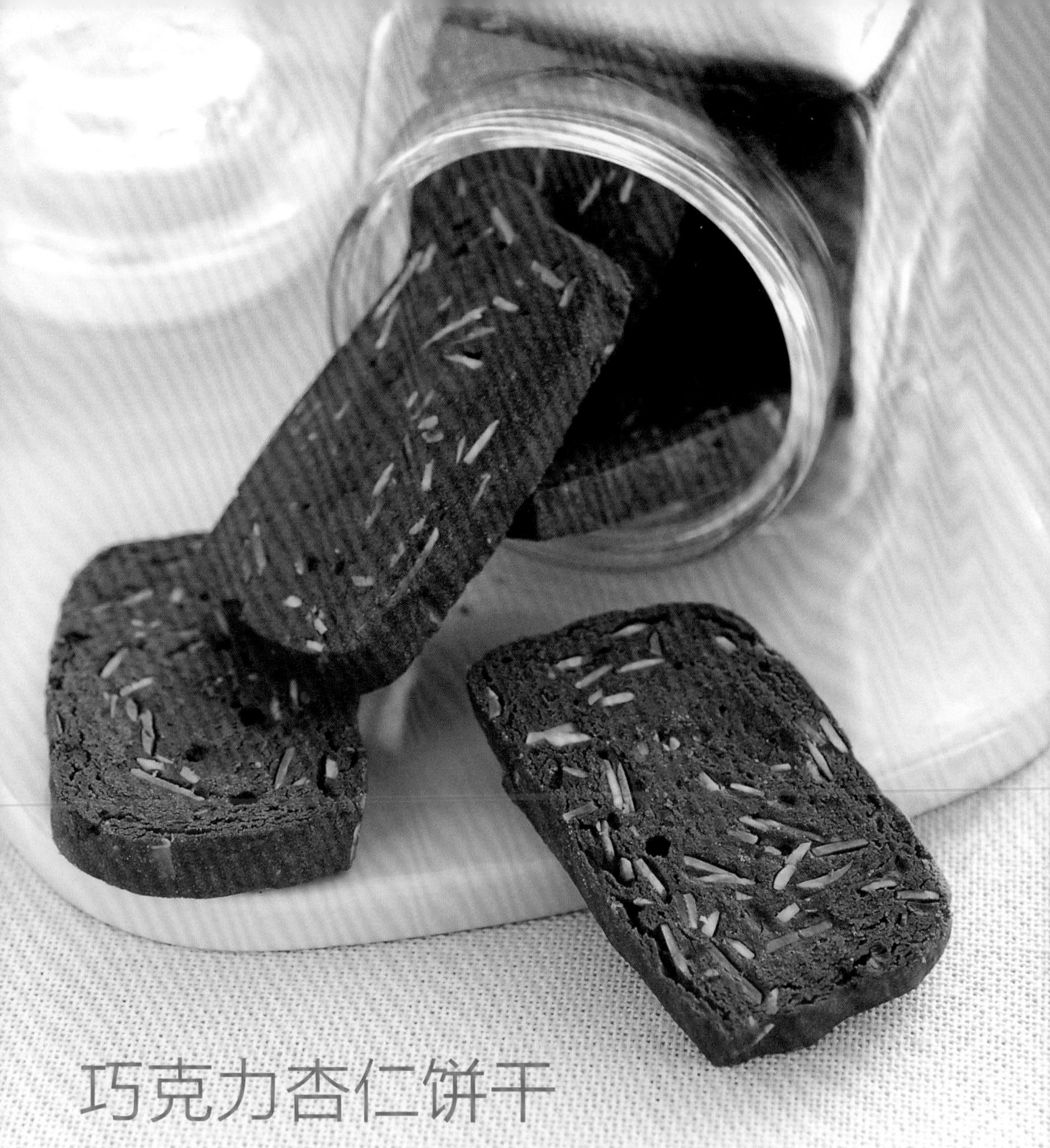

巧克力杏仁饼干

材料

Ⓐ

奶油　120克

糖粉　65克

Ⓑ

蛋清　20克

Ⓒ

低筋面粉　190克

可可粉　20克

奶油　20克

杏仁片　40克

做法

❶ 取一搅拌盆装入材料A，用打蛋器打发后，分2~3次加入蛋清打匀，加入过筛的低筋面粉与剩余的材料C，搅拌均匀成面团。

❷ 将做法1的面团压平成约3厘米厚的长条形，放入冰箱冷藏1小时，取出后将面团切成1厘米厚、约20等份的小面团。

❸ 将小面团排放在烤盘上，移入已预热的烤箱中，以上火170℃、下火170℃，烤15~18分钟，至酥脆状后取出待凉即可。

椰香饼干

材料

Ⓐ

奶油	100克
细砂糖	50克

Ⓑ

蛋黄	1个
香草精	少许

Ⓒ

低筋面粉	100克
椰子粉	100克

Ⓓ

细砂糖	适量
蛋黄	1个

做法

1. 取一搅拌盆装入材料A拌匀，用打蛋器打发后，加入材料B拌匀，加入过筛的低筋面粉与椰子粉搅拌均匀成面团。
2. 将做法1的面团压平成约1厘米厚，放入冰箱冷藏1小时，取出后将面团切成边长约2.5厘米、共约20等份的正方形小面团，四周沾上材料D的细砂糖，表面刷上材料D打散的蛋黄。
3. 将做法2的小面团排放在烤盘上，移入已预热的烤箱中，以上火170℃、下火170℃，烤约20分钟，至酥脆状后取出待凉即可。

烘培笔记

椰子粉使用前，可先入烤箱烤约5分钟，呈淡金黄色后，再放入面团搅拌，烤出来的饼干会有更浓郁的椰子香气。

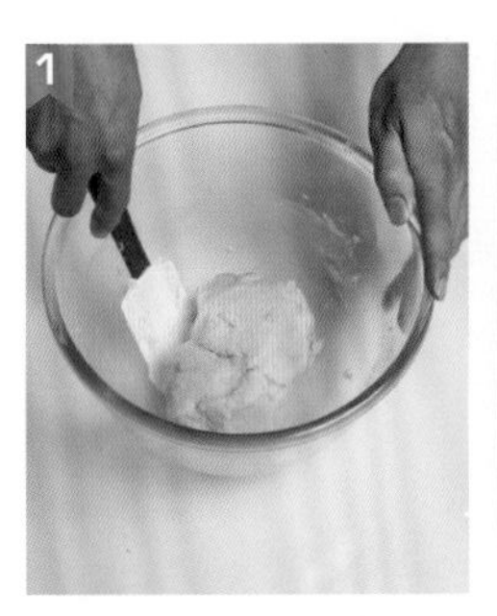

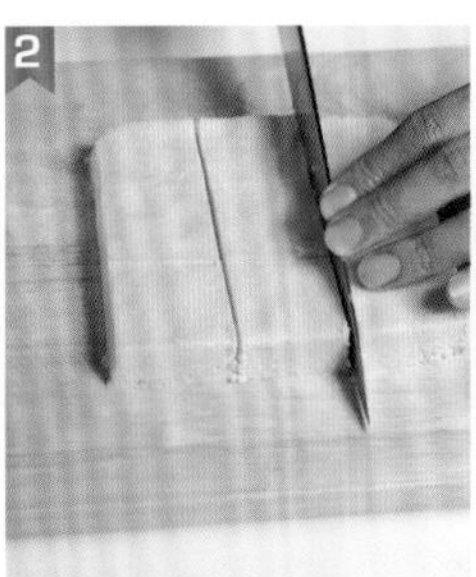

葡萄什锦饼干

材料

Ⓐ

奶油	125克
糖粉	75克

Ⓑ

鸡蛋	17克

Ⓒ

低筋面粉	185克
奶粉	15克
橙皮	适量
葡萄干	40克
碎核桃仁	15克
朗姆酒	少许

做法

❶ 取一搅拌盆装入材料A，用打蛋器打发后，分2~3次加入打散的鸡蛋打匀，再加入过筛的低筋面粉，续加入剩余的材料C，搅拌均匀成面团。

❷ 将做法1的面团搓成圆形长条状，放入冰箱冷藏1小时，取出后将面团切成1厘米厚、约20等份的小面团。

❸ 将小面团排放在烤盘上，移入已预热的烤箱中，以上火170℃、下火170℃，烤15~18分钟，至酥脆状后取出待凉即可。

抹茶饼干

材料

Ⓐ

奶油	135克
糖粉	70克

Ⓑ

低筋面粉	190克
抹茶粉	10克

做法

❶ 取一搅拌盆装入材料A，用打蛋器打发后，加入过筛的低筋面粉与抹茶粉，搅拌均匀成面团。

❷ 将做法1的面团搓成圆形长条状，放入冰箱冷藏1小时，取出后将面团切成1厘米厚、约20等份的小面团。

❸ 将小面团排放在烤盘上，移入已预热的烤箱中，以上火170℃、下火170℃，烤15~18分钟，至酥脆状后取出待凉即可。

肉桂饼干

材料

A

奶油	125克
细砂糖	100克
香草精	少许

B

鸡蛋	25克
蛋黄	5克
朗姆酒	8毫升

C

低筋面粉	165克
肉桂粉	2克
泡打粉	1克

做法

1. 取一搅拌盆装入材料A，用打蛋器打发后，分2~3次加入打散的鸡蛋打匀，再加入剩余的材料B，续加入过筛的低筋面粉与剩余的材料C，搅拌均匀成面团。
2. 将做法1的面团搓成圆形长条状，放入冰箱冷藏1小时，取出后将面团切成1厘米厚、约20等份的小面团。
3. 将小面团排放在烤盘上，移入已预热的烤箱中，以上火170℃、下火170℃，烤15~18分钟，至酥脆状后取出待凉即可。

开心果饼干

材料

Ⓐ

奶油	125克
糖粉	75克

Ⓑ

鸡蛋	17克

Ⓒ

低筋面粉	185克
奶粉	15克
碎开心果仁	50克

做法

❶ 取一搅拌盆装入材料A，用打蛋器打发后，分2~3次加入打散的鸡蛋打匀，再加入过筛的低筋面粉与剩余的材料C，搅拌均匀成面团。

❷ 将做法1的面团搓成圆形长条状，放入冰箱冷藏1小时，取出后将面团切成1厘米厚、约20等份的小面团。

❸ 将小面团排放在烤盘上，移入已预热的烤箱中，以上火170℃、下火170℃，烤15~18分钟，至酥脆状后取出待凉即可。

大理石饼干

材料

Ⓐ

奶油	135克
糖粉	70克

Ⓑ

低筋面粉	200克

Ⓒ

香草精	少许

Ⓓ

可可粉	7克

做法

1. 取一搅拌盆装入材料A，用打蛋器打发后，加入过筛的低筋面粉，将面团分成两份，一份加入香草精，一份加入可可粉，分别搅拌均匀后再混合成面团。
2. 将做法1的面团搓成圆形长条状，放入冰箱冷藏1小时，取出后将面团切成1厘米厚、约20等份的小面团。
3. 将做法2的小面团排放在烤盘上，移入已预热的烤箱中，以上火170℃、下火170℃，烤15~18分钟，至酥脆状后取出待凉即可。

烘培笔记

想要让饼干颜色纹路均匀，要先将加入香草精的面团擀平，再将加入可可粉的面团拉长成圆长条状，放在香草精面团中央对折，再将两者反复擀几遍，直到纹路均匀即可。

1

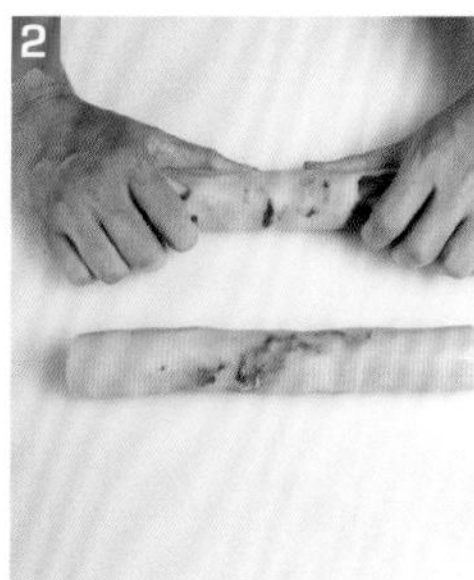
2

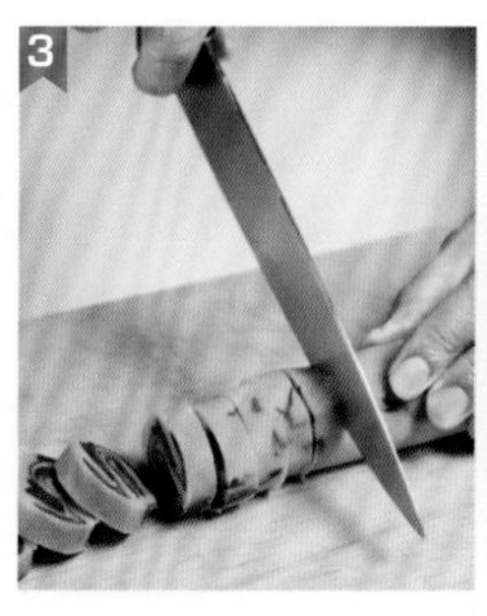
3

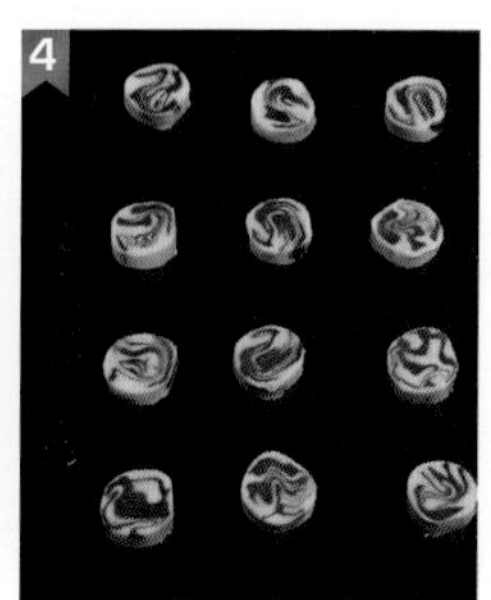
4

棋格脆饼

材料

无盐奶油	180克
糖粉	130克
鸡蛋	2个
低筋面粉	350克
可可粉	20克

做法

1. 无盐奶油软化后，加入过筛的糖粉一起打至松发变白。
2. 取1个鸡蛋打散成蛋液，分2~3次加入做法1的材料中搅拌均匀，再加入过筛的低筋面粉拌匀，即为原味面团。
3. 将原味面团均分为2份面团，取其中1份面团加入可可粉揉匀成巧克力面团。
4. 将做法3的原味面团和巧克力面团分别用擀面棍擀成长条形，并用保鲜膜包裹起来，放入冰箱冷藏至变硬后取出。
5. 取另1个鸡蛋打散成蛋液，在原味面团上和巧克力面团上刷上蛋液后上下叠在一起，从中间对切后再刷一次蛋液。
6. 将对切后的原味面团和巧克力面团相互交错叠成棋格状，并用保鲜膜包裹，放入冰箱冷藏至再次变硬。
7. 将冰硬的面团取出，撕除保鲜膜后切成约0.5厘米厚的长片状，铺在烤盘上，放入已预热的烤箱上层，以180℃约烤20分钟即可。

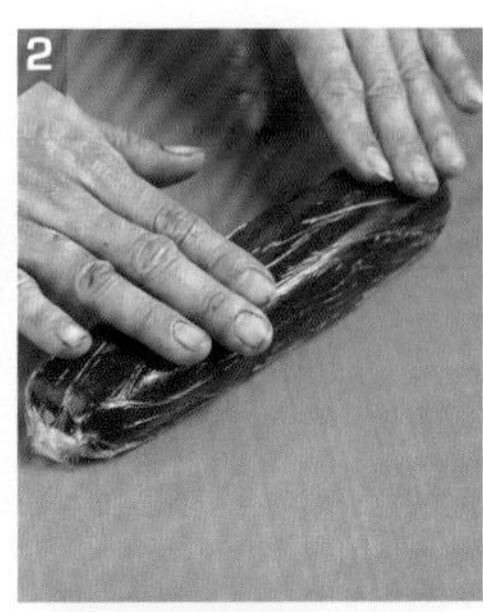

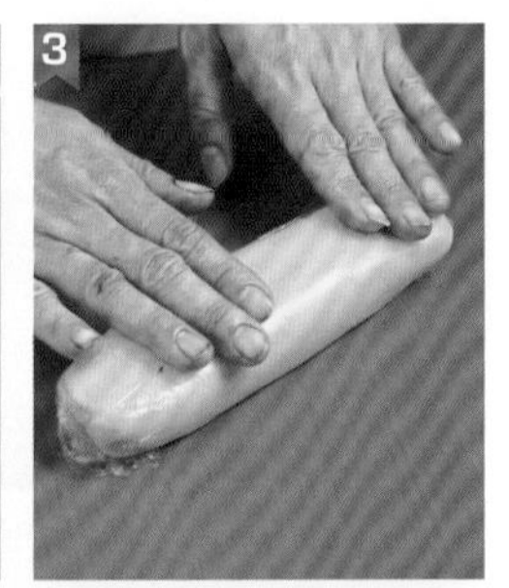

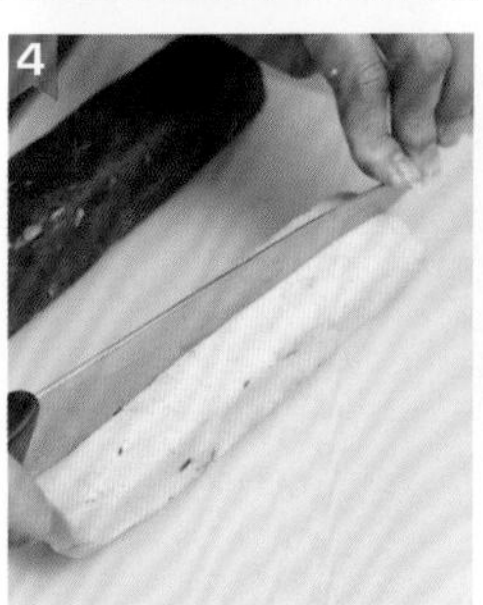

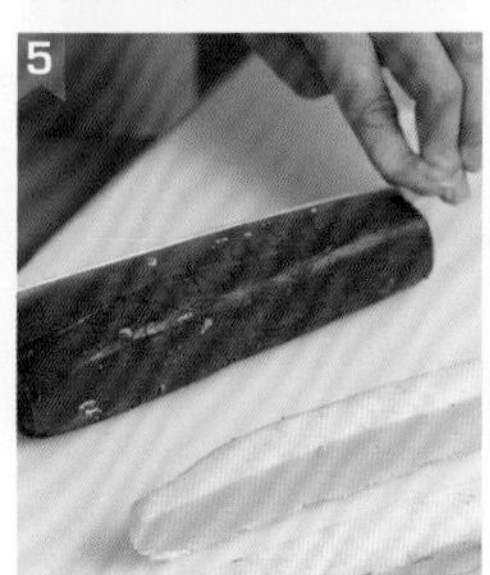

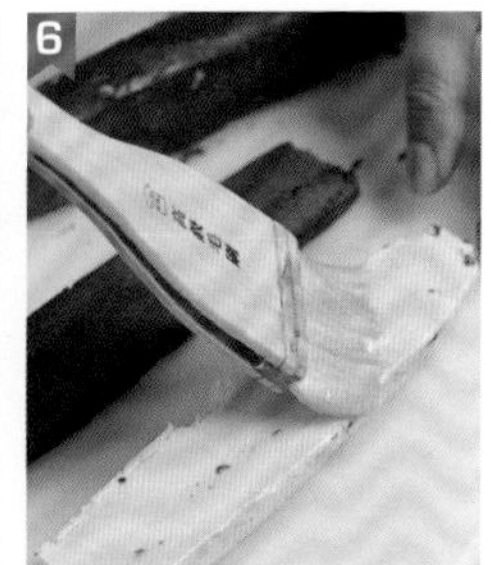

字母饼干

材料

无盐奶油	120克
糖粉	100克
鸡蛋	50克
低筋面粉	200克
高筋面粉	50克

做法

1. 无盐奶油软化，加入过筛后的糖粉打至松发变白。
2. 鸡蛋打散成蛋液后，分2~3次加入做法1中搅拌均匀。
3. 高筋面粉和低筋面粉过筛后，加入做法2中搅拌均匀，即为脆硬性面团。
4. 将脆硬性面团装入塑料袋中，用擀面棍擀平后，再放入冰箱中略微冰硬后即可。
5. 把饼干压模放置在做法4擀平的面团上，略施力气向下压出形状后，整齐放入烤盘上，再放置于烤箱上层，并以180℃烤约20分钟即可。

杏仁脆饼

材料

奶油　150克
细砂糖　120克
鸡蛋　1个
低筋面粉　300克
杏仁粒　80克

做法

1. 奶油软化，加入细砂糖打至松发变白。
2. 鸡蛋打散成蛋液后，加入做法1中拌匀，再将低筋面粉筛入搅拌均匀。
3. 杏仁粒泡水再沥干后，加入做法2中拌匀，将整个面团整成长条状，再用保鲜膜包好，放入冰箱冷冻约1小时至冻硬，取出切片，约切成30等份。
4. 烤盘铺入烤盘纸，将做法3排入烤盘中，再放进已预热的烤箱上层，以上火180℃、下火180℃烤约20分钟即可。

椰子开心果饼干

材料

Ⓐ

奶油	120克
糖粉	40克

Ⓑ

蛋黄	4个

Ⓒ

低筋面粉	120克
椰子粉	110克
碎开心果仁	20克

做法

❶ 取一搅拌盆装入材料A，用打蛋器打发后，加入打散的蛋黄拌匀，再加入过筛的低筋面粉与剩余的材料C，搅拌均匀成面团。

❷ 将做法1的面团搓成圆形长条状，放入冰箱冷藏1小时，取出后将面团切成1厘米厚、约20等份的小面团。

❸ 将小面团排放在烤盘上，移入已预热的烤箱中，以上火160℃、下火160℃，烤15~18分钟，至酥脆状后取出待凉即可。

英式松饼

材料

Ⓐ

奶油	65克
糖粉	20克

Ⓑ

动物性鲜奶油	40克
水	40毫升
香草精	少许

Ⓒ

低筋面粉	180克
泡打粉	6克
肉桂粉	少许
葡萄干（浸泡过朗姆酒的）	40克

Ⓓ

蛋黄	1个

做法

1. 取一搅拌盆装入材料A，用打蛋器打发后，加入所有的材料B拌匀，再加入过筛的低筋面粉、泡打粉与剩余的材料C，搅拌均匀成面团。
2. 将做法1的面团放入冰箱冷藏1小时，取出后将面团压平成1.5厘米厚，再用圆模型压成约20等份的小面团，于表面刷上材料D打散的蛋黄。
3. 将做法2的小面团排放在烤盘上，移入已预热的烤箱中，以上火180℃、下火180℃，烤15~18分钟，至酥脆状后取出待凉即可。

抹茶双色饼干

材料

无盐奶油	140克
糖粉	100克
鸡蛋	1个
低筋面粉	270克
抹茶粉	5克

做法

❶ 无盐奶油软化后，加入过筛的糖粉一起打至松发变白。

❷ 鸡蛋打散成蛋液，分2~3次加入做法1中搅拌均匀，再加入过筛的低筋面粉搅拌拌匀后，即为原味面团。

❸ 将做法2的原味面团均分成2份，其中1份原味面团加入抹茶粉揉匀成为抹茶面团。

❹ 将原味面团和抹茶面团分别放入塑料袋中，用擀面棍擀成大小相等的2份面皮后，放入冰箱冷藏至稍微变硬。

❺ 取出做法4的面皮，将2份面皮相叠在一起，卷成圆柱状，再用保鲜膜包裹，放入冰箱冷藏至变硬。

❻ 将做法5冰硬的面团取出，撕下保鲜膜，切成约0.5厘米厚的圆片状，铺在烤盘上，放入已预热的烤箱上层，以180℃烤约20分钟即完成。

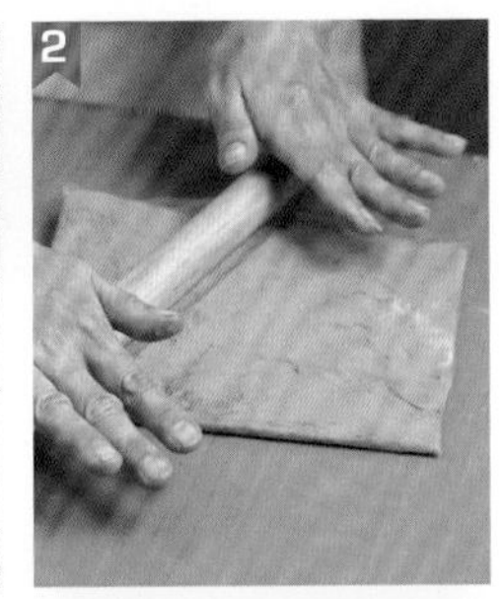

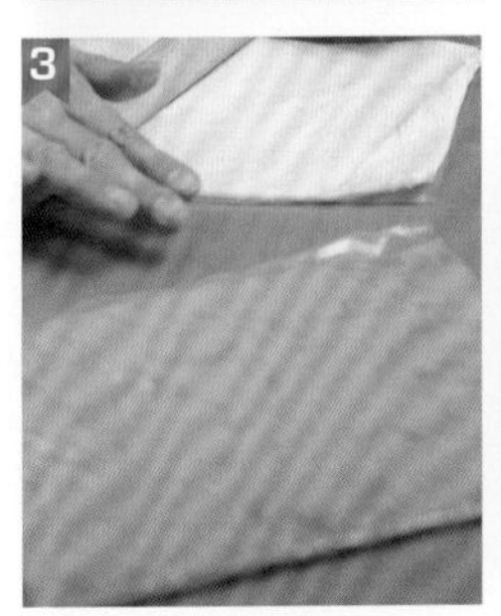

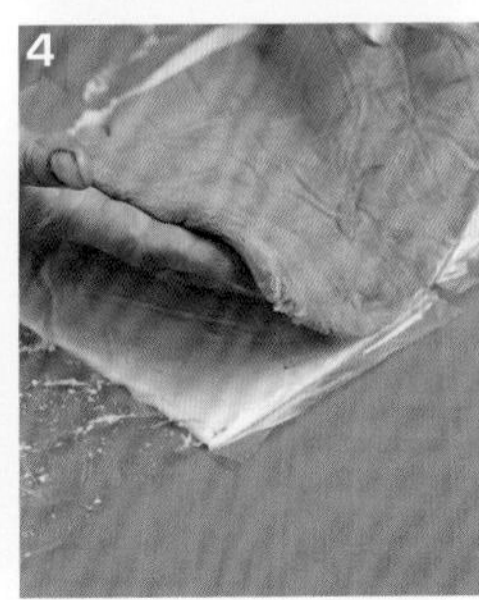

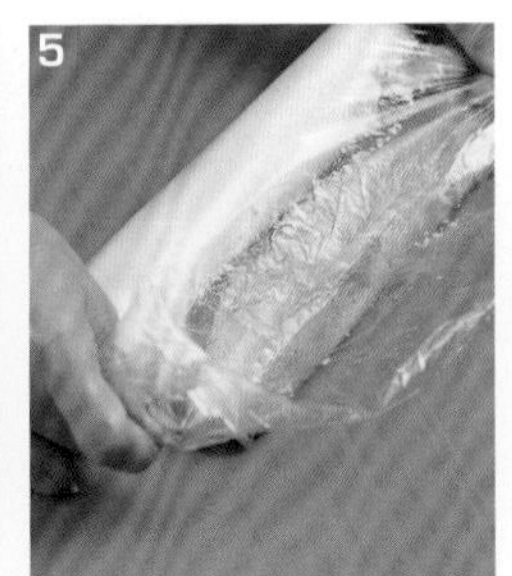

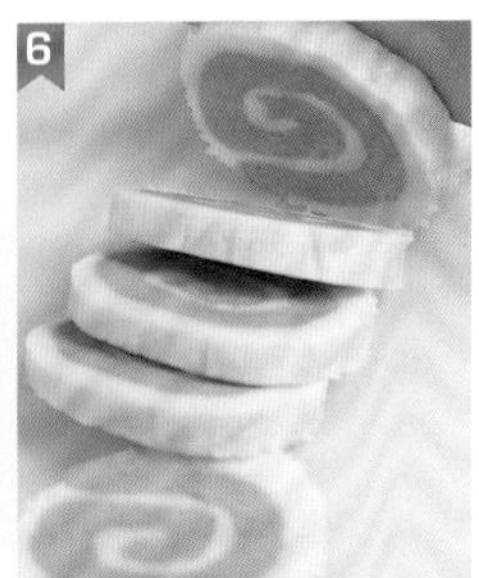

0
50
100
200

巧克力圈圈饼

材料

糖粉	130克
奶油	165克
鸡蛋	1个
低筋面粉	320克
可可粉	30克
鲜奶	3大匙
白巧克力	100克

做法

❶ 奶油软化；糖粉过筛后，加入135克奶油打至松发变白。

❷ 鸡蛋打散成蛋液后，分2~3次加入做法1中拌匀，筛入低筋面粉和可可粉拌匀，再倒入鲜奶搅拌均匀即为面团。

❸ 将做法2的面团用擀面棍擀成约0.3厘米厚，用保鲜膜包好，放入冰箱冷藏约30分钟后取出，先用大圆形压模压出两块饼干，再取其中一块以小圆形压膜压除中间的圆形部分，边缘用刷子抹上鲜奶（分量外），最后将2块饼干重叠在一起。

❹ 将白巧克力隔水加热至完全融化时，与剩余的30克奶油拌匀，装入挤花袋，挤在做法3饼干面团的中心处。（重复做法3与4，约可作出15片圈圈饼。）

❺ 将做法4的饼干面团排入已铺烤盘纸的烤盘，放入已预热的烤箱上层，以180℃烤约20分钟即可。

备注:做法3中鲜奶的功用是粘接2块饼干，也可以用巧克力酱代替。

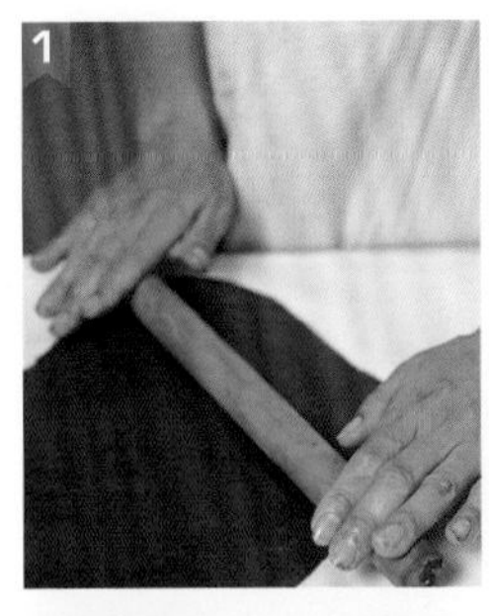

杏仁薄烧

材料

蛋清	75克
鸡蛋	1个
细砂糖	110克
低筋面粉	60克
杏仁片	100克
黑芝麻	25克
白芝麻	25克
南瓜子仁	50克

做法

❶ 将蛋清、鸡蛋一起打散成蛋液后，放入细砂糖用打蛋器拌匀。

❷ 继续放入过筛的低筋面粉、杏仁片、黑芝麻、白芝麻、南瓜子仁，搅拌均匀后，放入冰箱冷藏至少1小时以上后取出。

❸ 烤盘铺上烤盘布后，再用汤匙舀取做法2的面糊至烤盘中，放入已预热的烤箱中，以上火130℃、下火130℃烤约25分钟即可。

绿茶蜜豆小点

材料

奶油	120克
糖粉	60克
鸡蛋	35克
低筋面粉	150克
绿茶粉	20克
绿豆粉	110克

做法

1. 把奶油、糖粉倒在一起，先慢后快，打至奶白色。
2. 分次加入打散的鸡蛋，完全拌匀至无液体状。
3. 加入低筋面粉、绿茶粉、绿豆粉，拌至无粉粒状。
4. 取出搓成长条状。
5. 放入托盘，入冰箱冷冻至硬。
6. 把完全冻硬的步骤5 取出， 置于案台上，切成厚薄均匀的饼坯。
7. 排入烤盘，放入已预热的烤箱，以160℃的炉温烘烤。
8. 烤25分钟左右，至完全熟透，出炉冷却即可。

冰箱小西饼
制作关键秘诀

如果做好的面团太软时，可酌量加点面粉，但是多少会影响口感，使饼干变得较硬；如果面团太硬，则可酌量加点鲜奶使之稍微软些。要注意的是，后来加入的鲜奶或面粉不要分次加入，而且务必与面团充分拌匀。

面团从冰箱取出后，要用较薄且锋利的刀来切，每次切之前还可将刀浸在热水中，这样切出来的刀口才会整齐好看。切圆柱形的冷藏面团时，要将面团稍微滚动，切出来的圆片才不易变形。

材料中若有果仁类（例如核桃、蔓越莓），在搅拌面团前记得将果仁切得细一点，冷藏后切片时才比较容易切出整齐的形状。

冰箱小西饼放入冰箱中时，可使用保鲜膜包裹面团，目的主要是怕冰箱的异味会影响到面团的味道。此外，保鲜膜也具有塑形的功用。如果家中没有保鲜膜，也可以使用锡箔纸来替代。

PART 3

挤出小西饼

难易度★★★☆☆

挤出小西饼的面糊为软性，因水分含量较多，无法揉拌成面团状，只能形成面糊状，大多是装入挤花袋，或用挤饼器挤出各种图案，还可用汤匙直接舀至烤盘上，烘烤出来的口感较软。另一类是薄片饼干，除了依靠面糊装入挤花袋挤出图案之外，也可以利用汤匙直接舀到烤盘上抹平。

咖啡菊花饼干

材料

Ⓐ

奶油	145克
糖粉	80克
盐	2克

Ⓑ

鸡蛋	25克

Ⓒ

动物性鲜奶油	20克
咖啡粉	5克

Ⓓ

低筋面粉	95克
高筋面粉	95克

做法

1. 取一搅拌盆装入材料A，用打蛋器打发后，分2~3次加入打散的鸡蛋打匀，再加入煮融的材料C，续加入过筛的低筋面粉与高筋面粉，搅拌均匀成面糊。
2. 将做法1的面糊放入挤花袋中，使用菊花型花嘴在烤盘上挤出各约25克、共约30等份的小圆形面糊。
3. 将做法2的小圆形面糊移入已预热的烤箱中，以上火170℃、下火170℃，烤15~18分钟，至酥脆状后取出待凉即可。

烘培笔记

材料C的咖啡粉与鲜奶油两者需充分拌匀，如残留咖啡粉颗粒，则会影响饼干外观及口感。

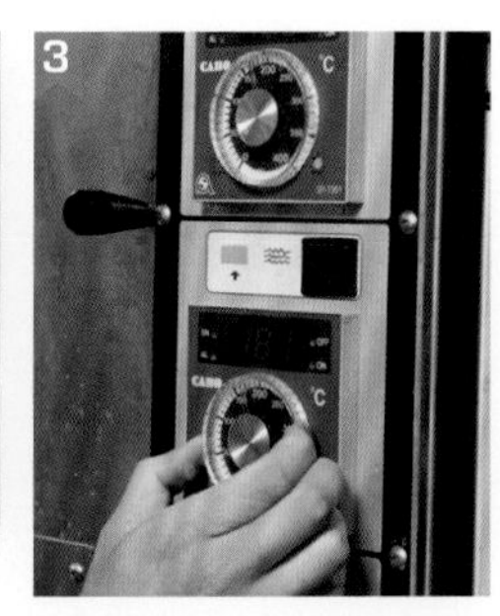

甜心小饼干

材料

A

奶油	60克
细砂糖	45克
红糖	60克
盐	1克

B

鸡蛋	30克

C

低筋面粉	115克
泡打粉	1克
巧克力豆	110克

做法

1. 取一搅拌盆装入材料A，用打蛋器打发后，分2~3次加入打散的鸡蛋打匀，再加入过筛的低筋面粉与剩余的材料C，搅拌均匀成面糊。
2. 将做法1的面糊放入挤花袋中，使用平口型花嘴在烤盘上挤出各约25克、共约20等份的小圆形面糊。
3. 将做法2的小圆形面糊移入已预热的烤箱中，以上火180℃、下火180℃，烤15~18分钟，至酥脆状后取出待凉即可。

蔓越莓饼干

材料

Ⓐ

奶油	50克
糖粉	50克

Ⓑ

鸡蛋	1个

Ⓒ

低筋面粉	50克
蔓越莓干	30克
朗姆酒	10毫升

做法

1. 取一搅拌盆装入材料A，用打蛋器打发后，分2~3次加入打散的鸡蛋打匀，再加入过筛的低筋面粉与剩余的材料C，搅拌均匀成面糊。
2. 将做法1的面糊放入挤花袋中，使用平口型花嘴在烤盘上挤出各约25克、共约20等份的小圆形面糊。
3. 将做法2的小圆形面糊移入已预热的烤箱中，以上火180℃、下火180℃，烤15~18分钟，至酥脆状后取出待凉即可。

黑芝麻饼干

材料

Ⓐ

低筋面粉	90克
糖粉	110克
苏打粉	1/8茶匙
泡打粉	1/4茶匙
蛋清	50克

Ⓑ

奶油	50克

Ⓒ

黑芝麻	适量

做法

1. 取一搅拌盆，装入过筛的低筋面粉与其余的材料A拌匀后，加入以锅加热融化的奶油，再加入黑芝麻搅拌均匀成面糊。
2. 将做法1的面糊放入冰箱冷藏1小时，取出后再放入挤花袋中，使用平口型花嘴在烤盘上挤出各约25克、共30等份的小圆形面糊。
3. 将做法2的小圆形面糊移入已预热的烤箱中，以上火170℃、下火170℃，烤15~18分钟，至酥脆状后取出待凉即可。

香菇造型蛋清饼

材料

A

蛋清 140克

糖粉 225克

B

柠檬汁 少许

做法

1. 取一搅拌盆装入材料A，用电动搅拌器打至硬性发泡后，加入柠檬汁搅拌均匀成面糊。
2. 将做法1的面糊放入挤花袋中，使用平口型花嘴在烤盘上挤出各约25克、共约30等份的小圆形面糊。
3. 将做法2的小圆形面糊移入已预热的烤箱中，以上火120℃、下火120℃，烤约1小时，至酥脆状后取出待凉即可。

烘培笔记

制作蛋清饼时，当做法2的面糊挤至烤盘后，可先放于室温下约20分钟，使表面干燥后再放入烤箱烘烤，这样可以使成品表面较光滑美观。

抹茶菊花饼干

材料

Ⓐ

奶油	145克
糖粉	80克
盐	2克

Ⓑ

鸡蛋	25克

Ⓒ

动物性鲜奶油	20克
抹茶粉	5克

Ⓓ

低筋面粉	95克
高筋面粉	95克

做法

1. 取一搅拌盆装入材料A，用打蛋器打发后，分2~3次加入打散的鸡蛋打匀，再加入煮融的材料C和过筛的低筋面粉与高筋面粉，搅拌均匀成面糊。
2. 将做法1的面糊放入挤花袋中，使用菊花型花嘴在烤盘上挤出各约25克、共约30等份的S形面糊。
3. 将做法2的S形面糊移入已预热的烤箱中，以上火170℃、下火170℃，烤15~18分钟，至酥脆状后取出待凉即可。

烘培笔记

因为加入了抹茶粉，所以不像其他饼干只要烤至金黄就知道上色了，在烤约15分钟时要先去烤箱旁观察，以免饼干颜色烤得太深了！

杏仁薄饼

材料

Ⓐ

低筋面粉	20克
糖粉	90克
蛋清	50克

Ⓑ

奶油	50克

Ⓒ

杏仁片	140克

做法

1. 取一搅拌盆装入过筛的低筋面粉与剩余的材料A拌匀，加入以锅加热融化的奶油，再加入杏仁片，搅拌均匀成面糊。
2. 将做法1的面糊放入冰箱冷藏1小时，用汤匙舀出各约25克、共约30等份的小圆形面糊放在烤盘上，再稍稍压扁。
3. 将做法2的小圆形面糊移入已预热的烤箱中，以上火170℃、下火170℃，烤15~18分钟，至酥脆状后取出待凉即可。

杏仁蛋清饼

材料

Ⓐ

蛋清	150克
细砂糖	45克

Ⓑ

杏仁粉	120克
糖粉	120克

Ⓒ

杏仁角	适量

做法

1. 取一搅拌盆装入材料A，用电动搅拌器打至硬性发泡后，加入材料B搅拌均匀成面糊。
2. 将做法1的面糊放入挤花袋中，使用平口型花嘴在烤盘上挤出各约30克、共约30等份的长条形面糊。
3. 将做法2的长条形面糊撒上杏仁角，移入已预热的烤箱中，以上火200℃、下火200℃，烤约25分钟，至酥脆状后取出待凉即可。

烘培笔记

做法1拌匀的面糊最好能迅速挤在烤盘上，并快速入炉烘烤，否则等蛋清消泡，饼干就不易成形了。

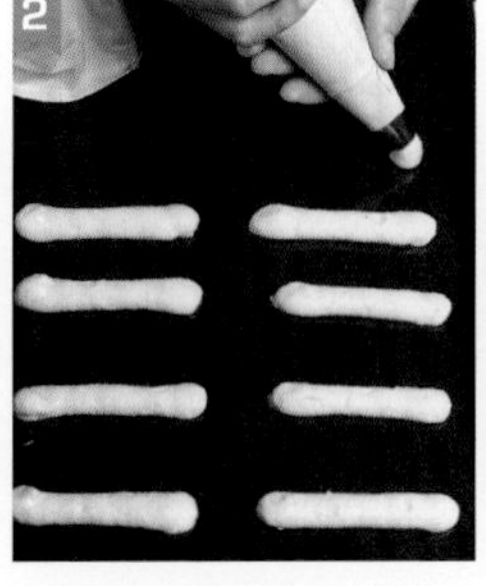

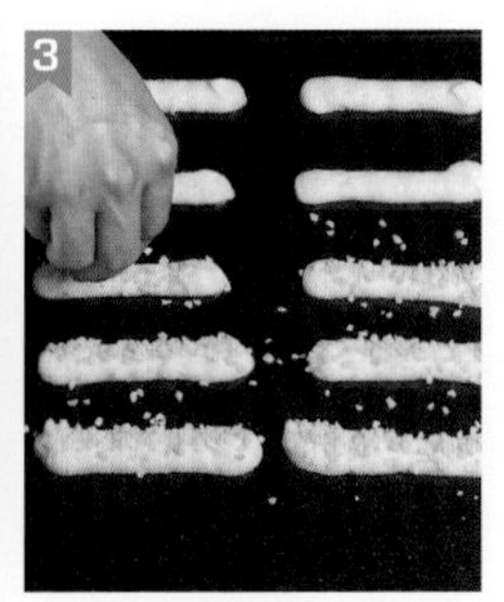

椰子瓦片

材料

A

细砂糖	100克
蛋清	80克

B

低筋面粉	20克
椰子粉	80克

C

奶油	70克

做法

1. 取一搅拌盆装入材料A拌匀，加入过筛的低筋面粉与椰子粉，再加入以锅加热融化的奶油，搅拌均匀成面糊。
2. 将做法1放入冰箱冷藏1小时，用汤匙舀出各约25克、共约30等份的小圆形面糊放在烤盘上，再稍压扁即可。
3. 将做法2的小圆形面糊移入已预热的烤箱中，以上火170℃、下火170℃，烤15~18分钟，至酥脆状后取出待凉即可。

造型薄饼

材料

Ⓐ

蛋清	90克
细砂糖	110克
动物性鲜奶油	20克
香草精	少许

Ⓑ

低筋面粉	40克
高筋面粉	40克
杏仁粉	20克

Ⓒ

奶油	90克

做法

❶ 取一搅拌盆装入所有材料A拌匀，加入过筛的低筋面粉、高筋面粉与杏仁粉，再加入隔水融化的奶油，搅拌均匀成面糊。

❷ 将做法1的面糊放入挤花袋中，使用平口型花嘴在烤盘上挤出各约15克、共约30等份的细长条状面糊。

❸ 将做法2的细长条面糊移入已预热的烤箱中，以上火170℃、下火170℃，烤12~15分钟，至酥脆状后取出待凉即可。

网状脆饼

材料

A

低筋面粉	125克
糖粉	60克
姜粉	1茶匙

B

玉米糖浆	125克

C

奶油	60克

做法

1. 取一搅拌盆，装入过筛的低筋面粉与剩余的材料A拌匀，加入玉米糖浆，再加入以锅加热融化的奶油，搅拌均匀成面糊。
2. 将做法1的面糊放入冰箱冷藏1小时，将面糊放入挤花袋，使用平口型花嘴在烤盘上挤出各约25克、共约30等份的小圆形面糊。
3. 将做法2的小圆形面糊移入已预热的烤箱中，以上火180℃、下火180℃，烤15~18分钟，至酥脆状后取出待凉即可。

菊花饼干

材料

Ⓐ

奶油	110克
糖粉	55克

Ⓑ

鸡蛋	30克

Ⓒ

低筋面粉	75克
高筋面粉	75克
奶粉	15克

Ⓓ

草莓果酱	30克

做法

1. 取一搅拌盆装入材料A，用打蛋器打发后，分2~3次加入打散的鸡蛋打匀，再加入过筛的材料C，搅拌均匀成面糊。
2. 将做法1的面糊放入挤花袋中，使用菊花型花嘴在烤盘上挤出各约25克、共约30等份的小圆形面糊，并在表面分别点上1克草莓果酱。
3. 将做法2的小圆形面糊移入已预热的烤箱中，以上火170℃、下火170℃，烤15~18分钟，至酥脆状后取出待凉即可。

杏仁糖脆饼

材料

Ⓐ

奶油	100克
盐	3克
糖粉	105克

Ⓑ

鸡蛋	70克
中筋面粉	165克
杏仁糖	600克

做法

1. 取一搅拌盆装入材料A，用打蛋器打发后，分2~3次加入打散的鸡蛋打匀，再加入过筛的中筋面粉，搅拌均匀成面团。
2. 将做法1的面团放入挤花袋中，使用平口型花嘴在烤盘上挤出各约20克、共约30等份的圆形面团，并在中间分别放上20克杏仁糖。
3. 将做法2的小圆形面团移入已预热的烤箱中，以上火180℃、下火180℃，烤20~22分钟，至酥脆状后取出待凉即可。

杏仁糖

材料： A 奶油110克、细纱糖125克、麦芽糖125克、盐3克　B 杏仁片225克

做法： 将材料A煮溶后，加入材料B搅拌均匀即可。

马德雷贝壳饼干

材料

Ⓐ

鸡蛋	125克
细砂糖	100克
牛奶	45毫升
蜂蜜	22毫升

Ⓑ

低筋面粉	150克
泡打粉	6克

Ⓒ

奶油	150克

做法

1. 取一搅拌盆装入材料A拌匀，加入过筛的材料B，再加入以锅加热融化的奶油，搅拌均匀成面糊。
2. 将做法1的面糊放入挤花袋中，使用平口型花嘴将面糊挤入贝壳模型中，共约20等份。
3. 将做法2的贝壳模型移入已预热的烤箱中，以上火170℃、下火170℃，烤15~18分钟后，取出待凉即可。

烘培笔记

做法1拌好的面糊会较软，可先放入冰箱冷藏约1小时，待略为浓稠后再装入挤花袋挤出模型，这样会比较好操作。

富翁饼干

材料

Ⓐ

低筋面粉　75克

糖粉　75克

杏仁粉　45克

榛果粉　45克

Ⓑ

蛋清　110克

Ⓒ

奶油　150克

做法

❶ 取一搅拌盆装入材料A拌匀，加入蛋清，再加入以锅加热煮至焦化的奶油，搅拌均匀成面糊。

❷ 将做法1的面糊放入冰箱冷藏1小时，取出后放入挤花袋中，使用平口型花嘴将面糊挤入方形模型中，共约30等份。

❸ 将做法2的方形模型移入已预热的烤箱中，以上火180℃、下火180℃，烤15~18分钟后，取出待凉即可。

烘培笔记

当做法1的奶油煮至焦化状即可，注意千万不能煮烧焦变成黑色，否则做出来的饼干会有苦味。

帕比柠檬

材料

奶油	250克
细砂糖	80克
鸡蛋	120克
低筋面粉	250克
柠檬粉	10克
泡打粉	1小匙
柠檬酱	150克

做法

1. 将软化的奶油、细砂糖一起放入容器内，用打蛋器打至乳白状。
2. 鸡蛋打散成蛋液后，分2~3次慢慢加入做法1中拌匀。
3. 继续加入过筛的低筋面粉、柠檬粉、泡打粉搅拌均匀，即为面糊。
4. 将面糊装入挤花袋中，挤在5厘米平口的小塔杯中后，再于面糊中间处放入柠檬酱，放入已预热的烤箱中，以上火180℃、下火150℃烤约25分钟即可。

玛其朵咖啡奶酥

材料

奶油	200克
糖粉	100克
鸡蛋	1颗
中筋面粉	280克
奶粉	20克
即溶咖啡粉	6克
牛奶	20毫升
咖啡豆	少许

做法

1. 奶油软化后，加入过筛的糖粉一起打至松发变白。
2. 鸡蛋打散成蛋液后，分2~3次加入做法1的材料中搅拌均匀，再加入过筛的中筋面粉、奶粉拌匀，即为面糊。
3. 将牛奶与即溶咖啡粉拌匀呈膏状后，加入做法2的面糊中一起搅拌均匀，即为咖啡面糊。
4. 将做法3的咖啡面糊装入挤花袋中，使用菊花嘴在烤盘上拉出长条状，上面摆1~2颗咖啡豆装饰。
5. 将做法4的烤盘放入已预热的烤箱上层，以180℃约烤15分钟即可。

巧心卷酥

材料

糖粉	90克
蛋清	50克
蛋黄	20克
即溶咖啡粉	3克
牛奶	50毫升
低筋面粉	100克
巧克力	适量

烘培笔记

如果想让花生奶油面包多些变化，也可以改涂抹适量果酱后，再沾裹上适量的椰子粉。

做法

1. 糖粉过筛后，加入蛋清、蛋黄搅拌均匀。
2. 将即溶咖啡粉和牛奶混匀后，倒入做法1的材料中，再加入过筛的低筋面粉一起搅拌均匀，即为面糊。
3. 烤盘上铺好烤盘布，将做法2的面糊放入挤花袋中，挤出直径为2~3厘米的圆形状放在烤盘上并抹平，约可挤30份，然后放入已预热的烤箱上层，以180℃烤约8分钟后取出，并趁热卷起，待凉后挤上融化的巧克力线条装饰即可。

莉斯饼干

材料

奶油	100克
糖粉	80克
鸡蛋	75克
低筋面粉	100克
朗姆酒	3毫升
葡萄干	20克
蜂蜜	20毫升
碎核桃仁	20克
杏仁角	20克

做法

1. 将软化的奶油、过筛的糖粉一起放入容器内，用打蛋器打至松发。
2. 将鸡蛋打散成蛋液，分2~3次慢慢加入于做法1中拌匀后，再加入低筋面粉、朗姆酒拌匀，即为面糊，再装入挤花袋中。
3. 烤盘铺上烤盘布后，挤出适量的面糊在烤盘上成椭圆形状备用。
4. 葡萄干、蜂蜜、碎核桃仁、杏仁角一起混合拌匀后，放在做法3的面糊上面，再放入已预热的烤箱以上火180℃、下火150℃烤约15分钟即可。

香葱曲奇

材料

奶油	65克
糖粉	50克
液态酥油	45克
清水	45毫升
食盐	3克
鸡精	2.5克
葱花	3克
低筋面粉	175克

做法

1. 把奶油、糖粉、食盐倒在一起，先慢后快，打至奶白色。
2. 分次加入液态酥油、清水，搅拌均匀至无液体状。
3. 加入鸡精、葱花拌匀。
4. 加入低筋面粉拌至无粉粒状。
5. 装入已放了牙嘴的裱花袋内，挤入烤盘，大小均匀。
6. 放入已预热的烤箱，以160℃烘烤约25分钟至完全熟透，出炉冷却即可。

麦片烟卷

材料

奶油	150克
细砂糖	150克
蛋清	150克
低筋面粉	150克
牛奶	60毫升
麦片	30克

做法

1. 将软化的奶油、细砂糖一起放入容器内，用打蛋器打至松发。
2. 蛋清打散后，分2~3次慢慢加入做法1中拌匀，再放入低筋面粉一起搅拌均匀。
3. 继续加入牛奶、麦片拌匀后，即为面糊，再装入挤花袋中。
4. 烤盘铺上烤盘布后，挤出每份直径约为6厘米的圆形薄片状的面糊在烤盘上，放入已预热的烤箱，以上火180℃、下火150℃烤约12分钟取出。
5. 使用铁棒将饼干趁热卷起，待冷却成型即可。

杏仁蛋清小西饼

材料

蛋清	120克
细砂糖	60克
低筋面粉	40克
杏仁粉	60克
糖粉	150克
巧克力酱	适量

做法

1. 蛋清用搅拌机以中速搅打至湿性发泡后，加入细砂糖继续打至硬性发泡。
2. 将低筋面粉、杏仁粉和糖粉过筛，慢慢加入做法1中搅拌均匀后，立刻装入挤花袋中。
3. 烤盘纸铺入烤盘中，将做法2用平口花嘴在烤盘纸上挤出圆形乳沫，放进已预热的烤箱上层，用180℃约烤8分钟。
4. 取出后在两个圆形西饼中间放上巧克力酱即可。

原味马卡龙

材料

杏仁TPT	250克
纯糖粉	100克
蛋清	100克
细砂糖	50克

备注：杏仁TPT是用杏仁粉与纯糖粉以1:1的比例混合而成。

做法

1. 将杏仁TPT过筛，再将纯糖粉过筛备用。
2. 让蛋清回温至20℃左右后，将蛋清先打发，并加入25克细砂糖持续打发至泡泡变细。
3. 再加入剩下的25克细砂糖，继续打发至接近干性发泡阶段。
4. 将做法1的所有材料加入做法3的盆中，搅拌混合至无干粉状即可。
5. 把做法4搅拌好的面糊装入平口嘴的挤花袋内，在烤盘上挤出大小一致的形状。
6. 将做法5挤好面糊的烤盘放在阴凉处静置，等约30分钟以上，至面糊表面结皮。
7. 将做法6结好皮的面糊放入预热好的烤箱中，以上火210℃、下火180℃烤约10分钟，至饼体膨胀起来后开气门，再续烤约5分钟至表面干酥即完成。

备注:一般专业用烤箱都会有所谓的“气门”，只要将气门的开关打开就可以了。家用烤箱因为没有气门装置，所以容易烤失败。

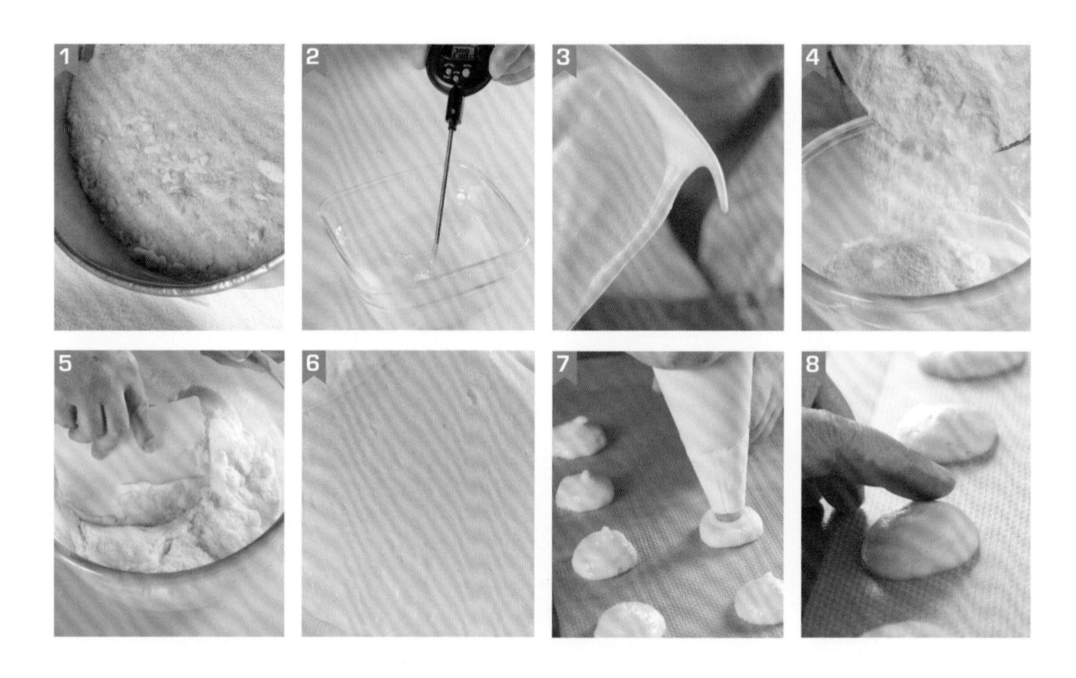

裂口马卡龙

材料

杏仁粉	60克
纯糖粉	60克
低筋面粉	10克
蛋清	100克
细砂糖	50克
盐	1克
糖粉	适量

做法

1. 杏仁粉先过筛，将粗粒的杏仁粉筛出，只取细粒粉部分，并补足分量后备用。
2. 纯糖粉、低筋面粉分别过筛后备用。
3. 让蛋清回温至20℃左右后，将蛋清先打发，并加入25克细砂糖、盐持续打发至泡泡变细。
4. 于做法3的盆中再加入剩下的25克细砂糖，继续打发至接近干发泡阶段。
5. 将做法1、2的所有材料加入做法4的盆中，搅拌混合至无干粉状即可。
6. 把做法5的面糊装入平口嘴的挤花袋内，在烤盘上挤出大小一致的形状。
7. 在做法6挤好的面糊表面撒上些许糖粉。
8. 将做法7的烤盘放入预热好的烤箱中，以上火210℃、下火180℃烤约10分钟，至饼体膨胀起来后开气门，再续烤约5分钟至表面干酥即完成。

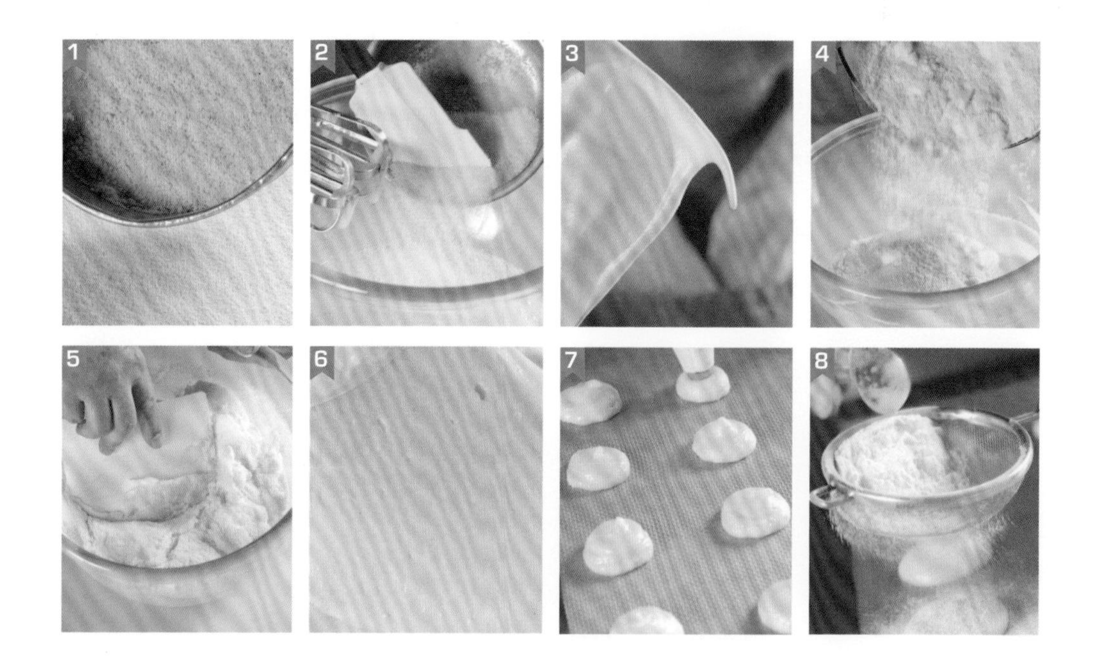

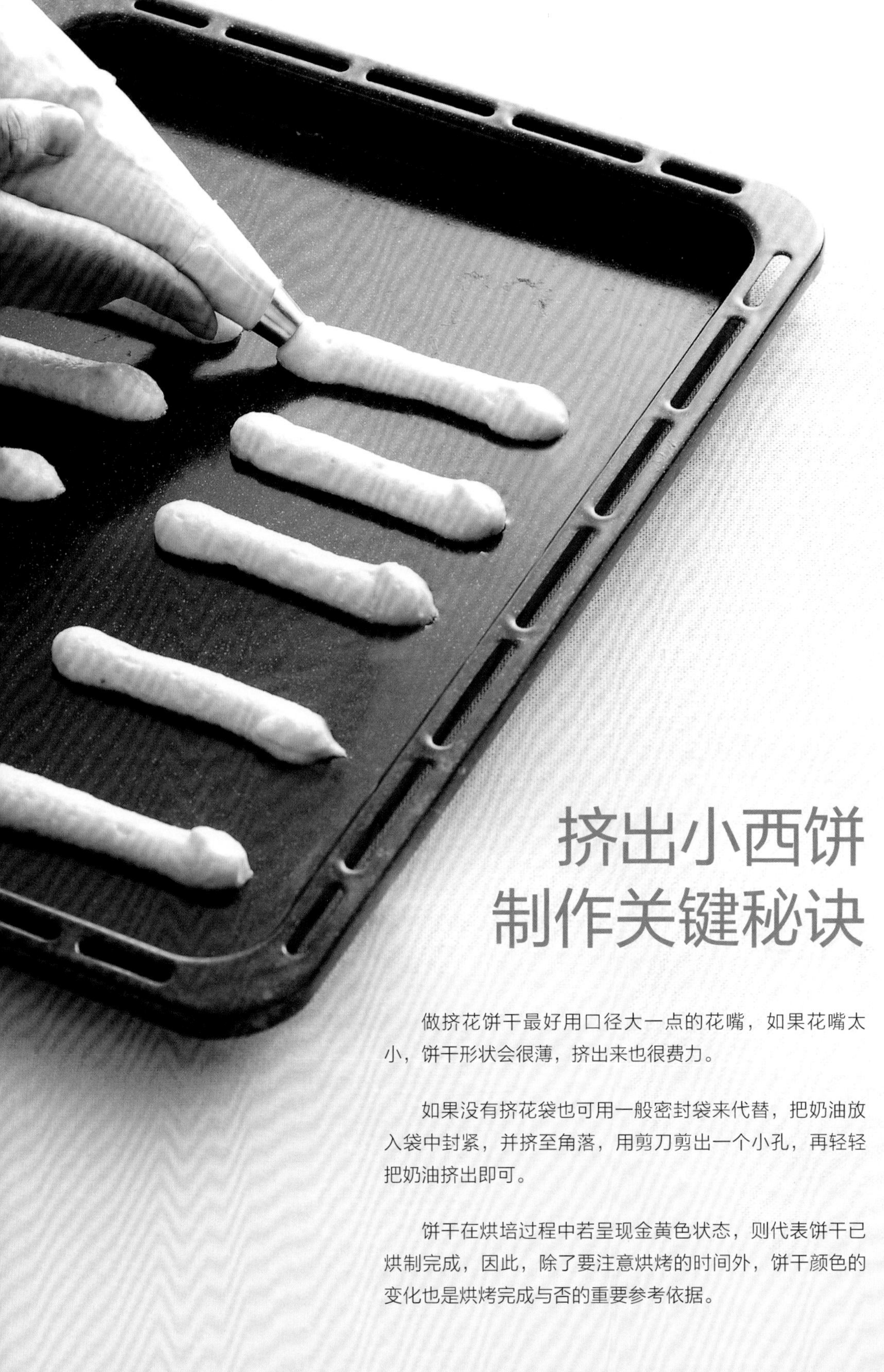

挤出小西饼制作关键秘诀

做挤花饼干最好用口径大一点的花嘴，如果花嘴太小，饼干形状会很薄，挤出来也很费力。

如果没有挤花袋也可用一般密封袋来代替，把奶油放入袋中封紧，并挤至角落，用剪刀剪出一个小孔，再轻轻把奶油挤出即可。

饼干在烘培过程中若呈现金黄色状态，则代表饼干已烘制完成，因此，除了要注意烘烤的时间外，饼干颜色的变化也是烘烤完成与否的重要参考依据。

饼干装饰与吃法

沾裹糖衣

材料

柠檬饼干适量（做法见19页）、糖粉130克、柠檬汁25毫升

做法

❶ 糖粉与柠檬汁拌匀成糖衣。

❷ 将冷却的柠檬饼干正面朝下，沾上做法1的糖衣，待凝固即可。

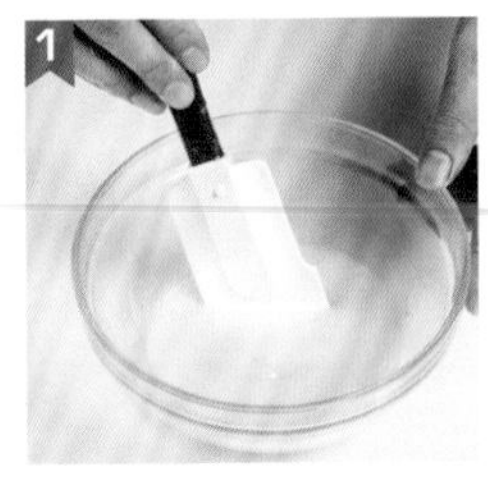

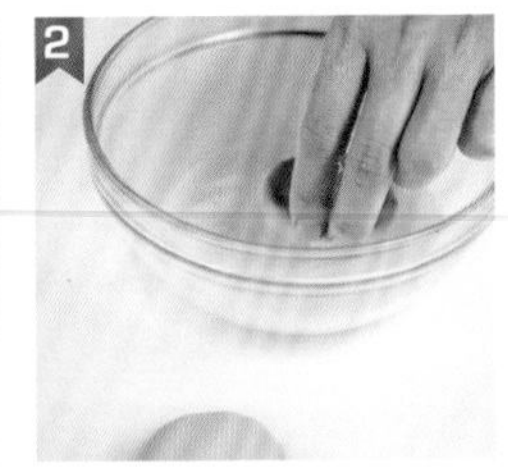

双色巧克力

材料

抹茶菊花饼干适量(做法见82页)、巧克力砖100克

做法

❶ 将巧克力砖切碎，隔水加热融化，即为巧克力酱，备用。

❷ 将抹茶菊花饼干的一端沾上做法1的巧克力酱，待凝固即可。

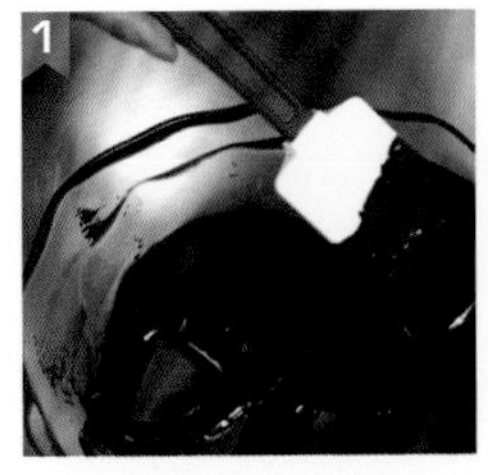

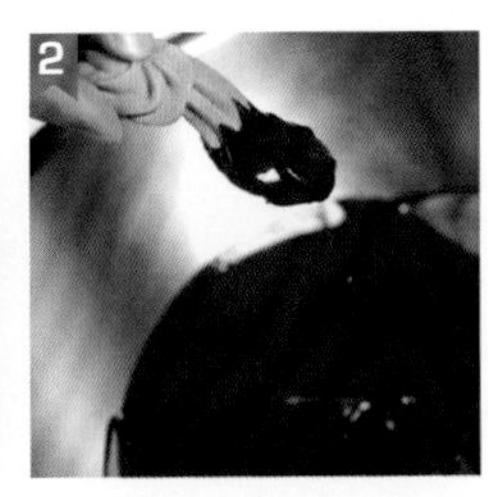

夹心饼干

材料

杏仁蛋清饼适量（做法见85页）、巧克力酱50克、动物性鲜奶油50克

做法

❶ 将动物性鲜奶油煮沸，冲入融化的巧克力酱中，制成牛奶巧克力酱。

❷ 将杏仁蛋清饼两片一组，中间夹上做法1融化的牛奶巧克力酱，等待冷却即可。

香菇巧克力

材料

香菇造型蛋清饼适量（做法见81页）、蛋清糖霜10克（做法见24页）、可可粉适量

做法

❶ 将香菇蛋清饼排放整齐，用筛网将可可粉过筛在蛋清饼上。

❷ 将面糊（同81页香菇蛋清饼面糊）放入挤花袋中，使用平口型花嘴在烤盘上挤出香菇蒂造型，放入烤箱，烤好后取出沾上些许蛋清糖霜，与香菇蛋清饼黏在一起即可。

PART 4

别有滋味的中式糕点

难易度★★★★☆

中国的糕点文化渊远流长，经过长期实践，糕点的品种越来越多。现在，我们在家也可以自己动手做了！

酥饼制作Q&A

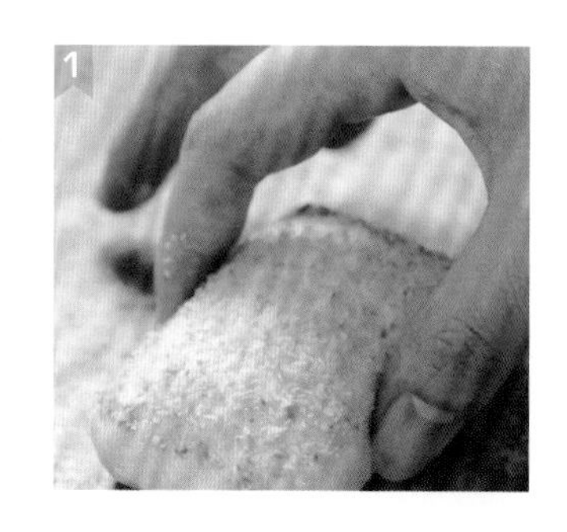

Q1 如何判断酥饼熟了没？

A： 要判断酥饼熟了没，方法其实很简单，可以用手指轻捏酥饼的两侧，按压下去若有层次感，且摸起来有些酥硬，即表示酥饼已熟透，这时就可出炉。

Q2 如何让酥饼表面更美观？

A： 酥饼要美观，可以使用 2 个全蛋加入 1 个蛋黄，搅拌均匀后，过筛，即可刷在面团上，增加酥饼表面的色泽。或可在蛋液中加入 1~2 滴酱油，搅拌均匀后，过筛，刷在面团上，更能增加酥饼的色泽。

Q3 没吃完的酥饼，该如何保存？

A： 一般来说，酥饼置于室温下可保存 2~3 天的赏味期。若短时间内吃不完，则可将酥饼装入塑料袋里，放在冰箱冷藏或冷冻，食用前，将酥饼取出使之完全解冻后，再放入烤箱以 150℃烤 15~20 分钟（依酥饼大小适当调整时间和温度，若酥饼较小，烤箱温度可略高于 150℃；若酥饼较大，烤箱温度则应低于 150℃）。

Q 4 一般制作油酥，最常使用哪些油？

A： 制作油酥，最常使用的油包括猪油、酥油、奶油、白油等，可依据不同种类的酥饼特色来选择油脂，其中以猪油的延展性最佳，容易与油皮融合，所制作出来的饼皮较具有疏松感及层次感。白油色白，没有香味，制作素饼时可以选择使用白油；若饼皮不想着色，比如制作绿豆饼时，就可选用猪油和白油。酥油及奶油色泽偏黄，具有香味，若饼皮想要上色好看，比如制作蛋黄酥，就可选择这两种油来使用。此外，较不建议使用液体油制作，所做成的面皮较无层次感且口感较差。另外，这些油脂均可混合使用，但建议一种饼不要混合超过 2 种油脂，以免酥饼风味过于复杂。

Q 5 烤酥饼时，若发现饼未熟，但表面已上色，这时该如何处理？

A： 此时可将上火转小至 100℃，或干脆将上火关掉，并在酥饼上方盖一张烘焙用的白报纸阻隔热度即可。

绿豆凸

油皮材料

中筋面粉	217克
糖粉	9克
猪油	87克
盐	1克
水	87毫升

油酥材料

低筋面粉	213克
奶油	107克

内馅材料

绿豆沙馅	880克
肉臊馅	240克

其他材料

食用红色色素　少许

做法

1. 将油皮材料和油酥材料做成20个油酥皮。
2. 将绿豆沙馅和肉臊馅搅匀，等分成20份。
3. 取一个擀卷松弛好的油酥皮，擀成圆形，包入做法2的馅料，以虎口捏紧收口。
4. 将做法3整形成圆球形，稍压扁，盖上印章，至于烤盘上。
5. 将做法4放入已预热的烤箱，以上火180℃、下火190℃，烤15~20分钟至上色即可。

肉臊馅

材料：肉泥190克、油葱酥57克、酱油4毫升、糖4克、盐4克、胡椒粉4克、熟白芝麻38克

做法：起油锅，将肉泥炒至变色，加入油葱酥及酱油、糖、盐、胡椒粉拌炒至收汁，最后加入熟白芝麻拌匀，放凉备用。

大包酥

油酥材料

低筋面粉　270克
食品级白油　270克
玛其琳　190克

油酥

材料： 奶油59克、中筋面粉236克、全蛋47克、细砂糖19克、水118毫升

做法： 1.将低筋面粉和奶油搅匀，揉成面团。

2.用保鲜膜盖住面团，松弛20分钟。

3.取下保鲜膜即可。

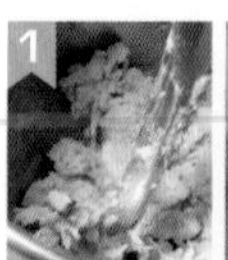
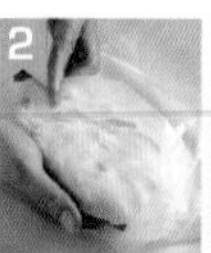
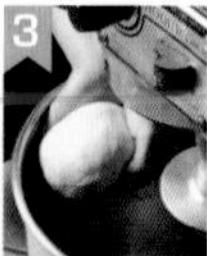

做法

1. 将奶油置于室温下，使之软化备用。
2. 将所有油皮材料（含做法1奶油）放入搅拌缸内拌打至面团呈光滑状，再以塑料袋包好，在室温下静置松弛20~30分钟。
3. 将油酥材料内的低筋面粉过筛，和白油与玛其琳拌匀后，放入塑料袋内整型成方形，再置入冰箱冷藏约30分钟备用。
4. 将做法2油皮整型成方形，四个角向外拉，中间包入做法3油酥，四个角再由外向中间接合，并捏紧接口。
5. 将做法4的油酥皮擀长，折成3折后，重复擀开，再重复折叠共3次。
6. 将做法5油酥皮放入塑料袋内，再置入冰箱冷藏松弛约30分钟（中间如不易擀开时，须先松弛15~20分钟再擀，注意不要让面团表面结皮）。
7. 取出做法6松弛好的油酥皮，擀成0.8~1厘米厚，即可压模包馅。
8. 将做法7放入已预热的烤箱，上火180℃、下火190℃烤25～30分钟即可。

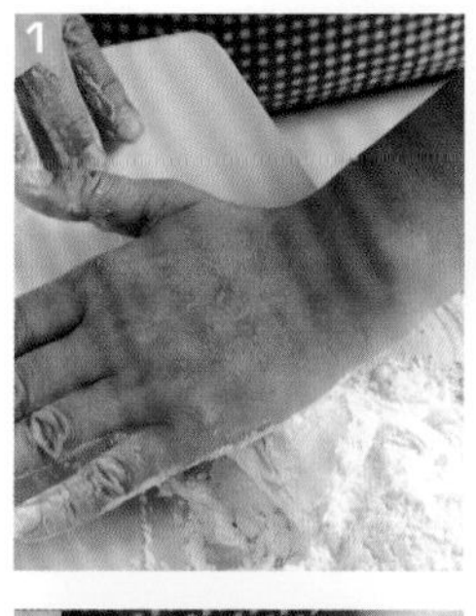
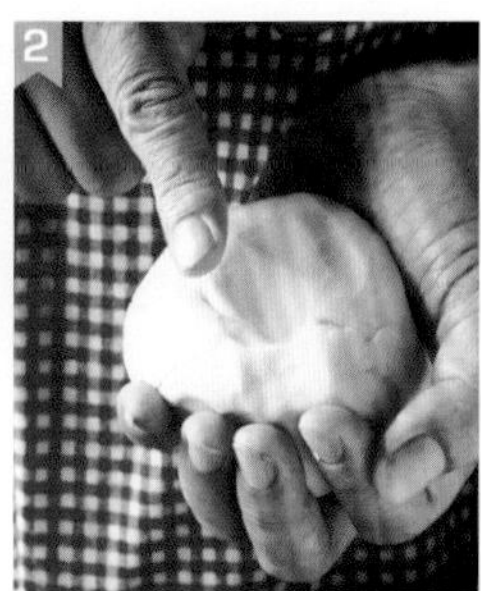
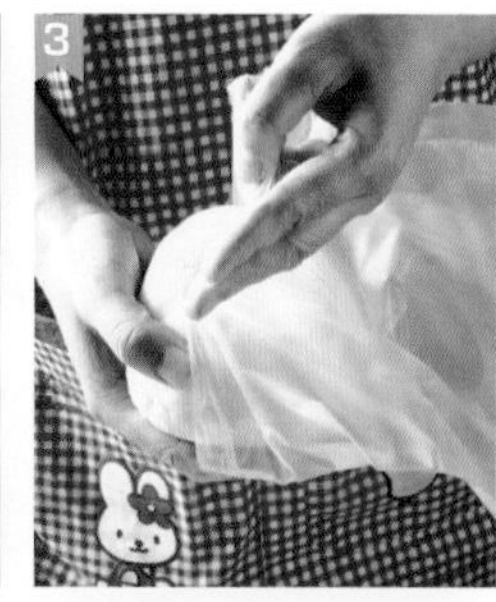
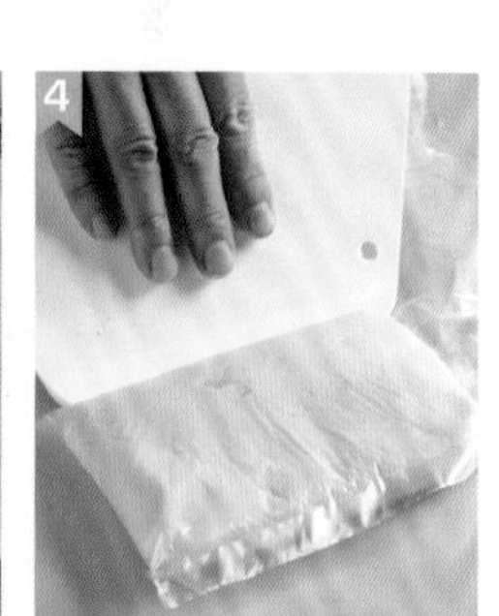
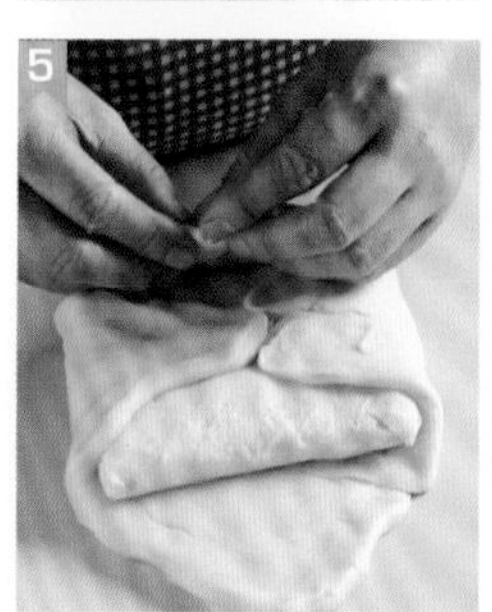
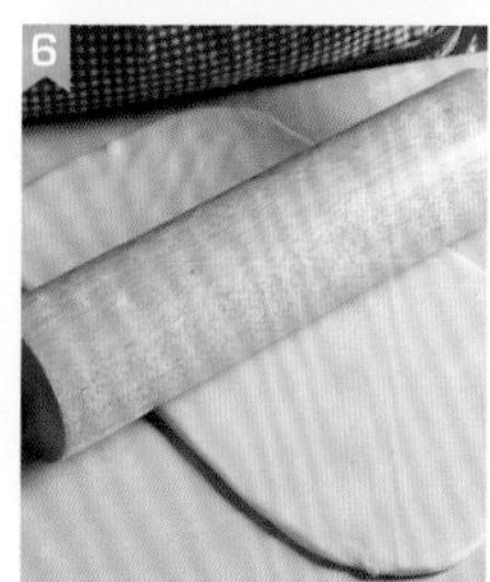

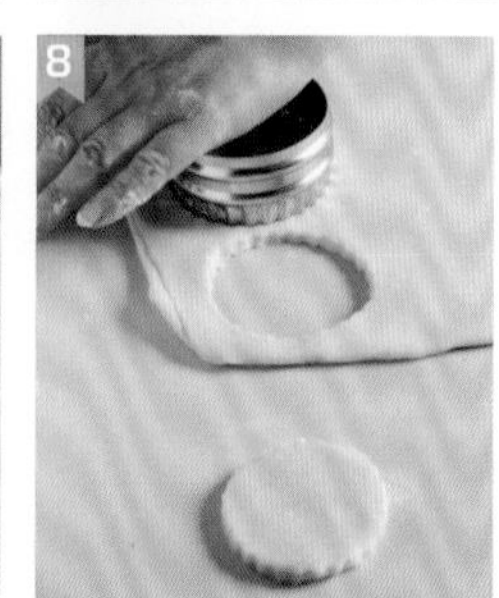

小包酥

油皮材料

奶油	59克
中筋面粉	236克
全蛋	47克
细砂糖	19克
水	118毫升

油酥

材料： 奶低筋面粉260克、奶油130克

做法： 1.将低筋面粉和奶油搅匀，揉成面团。

2.用保鲜膜盖住面团，松弛20分钟。

3.取下保鲜膜即可。

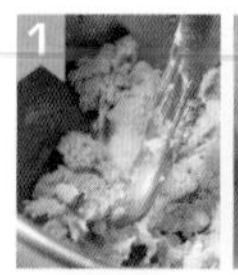
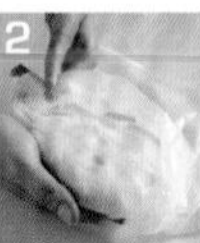

做法

1. 将油皮材料内的所有粉类过筛。
2. 将做法1所有材料放入搅拌缸内，先以慢速搅拌至无干粉状，再转中速搅拌至面团呈光滑状。
3. 将做法2面团以塑料袋包好，在室温下静置松弛20~30分钟。
4. 将做法3松弛好的油皮平均分割成30个备用。
5. 将油酥材料内的低筋面粉过筛，再和奶油搅拌成团，至不粘手，软硬度须和油皮一样。
6. 将做法5油酥平均分割成30个备用。
7. 取一做法4油皮包做法6油酥，收口朝上，压扁擀成牛舌状后卷起，在室温下静置松弛约15分钟。
8. 取做法7擀卷松弛好的面团，接口朝上，压扁后再加以擀长，卷起成圆筒状，在室温下静置松弛约15分钟。
9. 取做法8一松弛好的面团，接口朝上，以大拇指按压中间，再以手指从对角向中间收成圆形。
10. 将做法9面团，收口朝下，以擀面棍擀成圆形。
11. 将馅料放在做法10擀好的面皮中间，将面皮往中间收，再利用虎口将收口捏紧，即可。

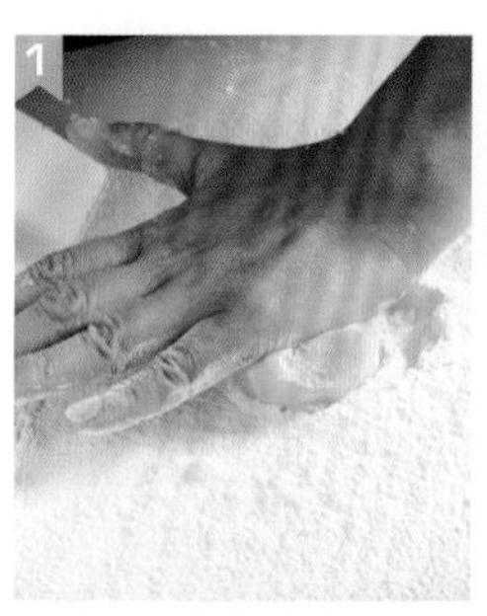
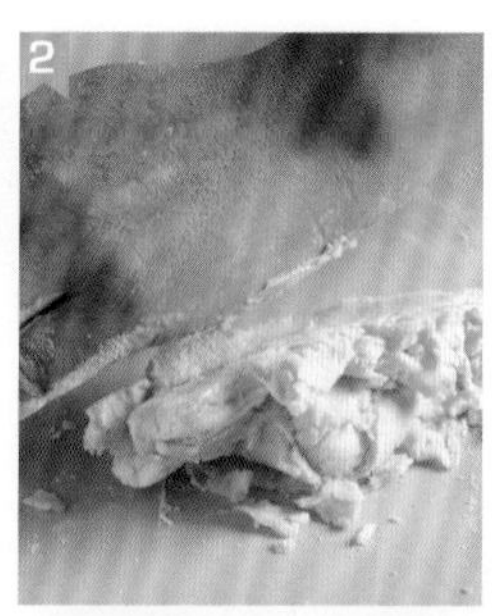
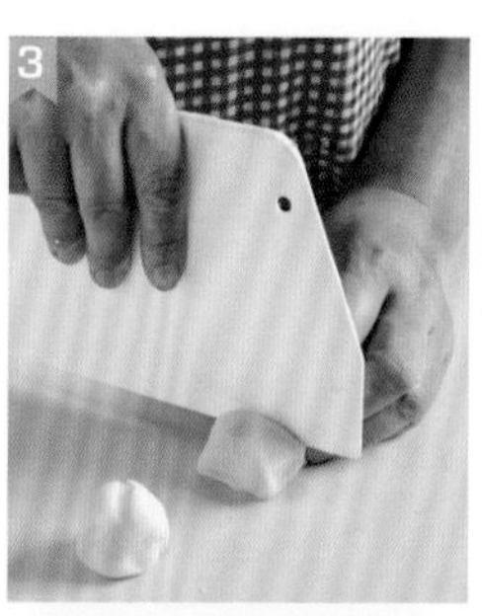
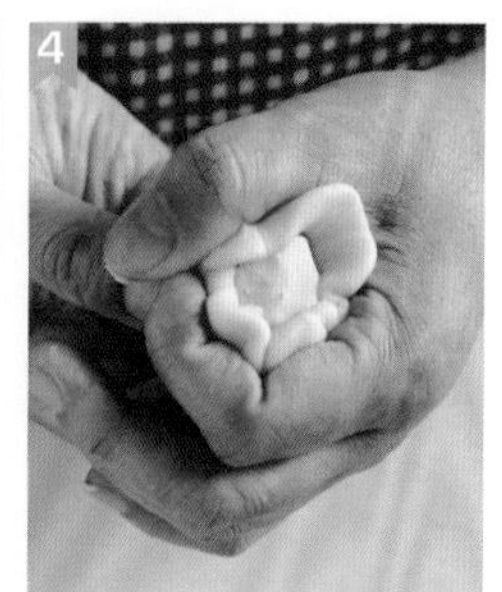
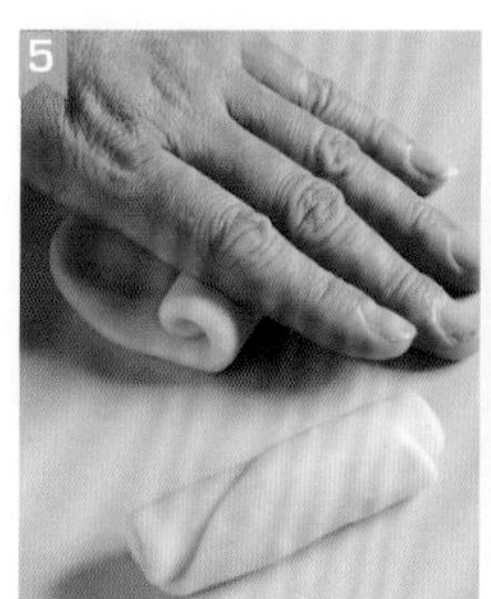
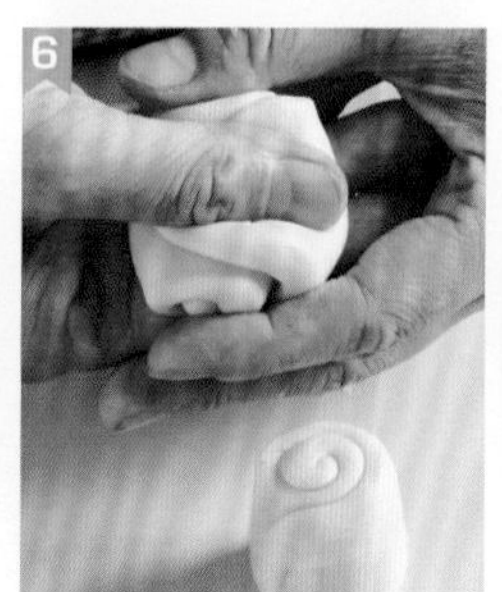

芋头酥

油皮材料

Ⓐ

中筋面粉	182克
奶油	68克
糖粉	22克
水	75毫升

Ⓑ

芋头酱	适量

油酥材料

低筋面粉	167克
奶油	83克

内馅材料

芋头馅	700克

做法

1. 将油皮材料A放入搅拌缸内拌至均匀。
2. 将油皮材料B芋头酱加入做法1中，拌打至面团呈光滑状，再以塑料袋包好，在室温下静置松弛20~30分钟。
3. 将油酥材料放入搅拌缸内，混合搅拌至与油皮相同之软硬度。
4. 将做法2油皮平均分割成每个35克，做法3油酥平均分割成每个25克，备用。
5. 用油皮包油酥，收口朝上，擀长成牛舌状后，折成三折；再擀长卷起成圆筒状，松弛约20分钟。
6. 将芋头馅平均分割成20个备用。
7. 取一做法5擀卷松弛好的油酥皮，从中间切开，切口朝上，擀成圆形后，包入做法6的内馅，以虎口收口整型后，置于烤盘上，再放入已预热的烤箱，以上火150℃、下火180℃，烤25~30分钟，即完成。

苏式月饼

油皮材料

高筋面粉	95克
低筋面粉	63克
糖粉	16克
猪油	63克
水	63毫升

油酥材料

低筋面粉	200克
奶油	100克

内馅材料

核桃仁	70克
枣泥馅	830克

其他材料

食用红色色素	少许

做法

1. 将核桃仁洗净、烤熟，和枣泥馅拌匀，平均分割成20个备用。
2. 将油皮材料和油酥材料混合制成油酥，等分成20个小剂子，擀成油酥皮。
3. 取一个擀卷松弛好的油酥皮，擀成圆形后，包入做法1馅料，再以虎口捏紧收口。
4. 将做法3整成圆球形，用手稍压扁，中间以拇指压凹，盖上印章，正面朝下，置于烤盘上。
5. 将做法4放入已预热的烤箱，以上火180℃、下火190℃ ，烤至上色后，翻面再烤至侧面按压起来酥松有层次感，共需25~30分钟，即完成。

太阳饼

油皮材料

中筋面粉	188克
糖粉	20克
猪油	50克
色拉油	27毫升
水	75毫升

油酥材料

低筋面粉	120克
奶油	60克

麦芽糖馅料

糖粉	98克
麦芽糖	23克
奶油	23克
低筋面粉	30克
水	6毫升

做法

1. 先将麦芽糖馅料的粉类过筛，再和其他材料搅拌成团。
2. 将做法1的麦芽糖馅平均分割成12个备用。
3. 取一个擀卷松弛好的油酥皮，擀成圆形，包上做法2的麦芽糖内馅后，收口朝下，以手稍压扁，用擀面棍擀成直径约为10厘米的扁圆形即可。
4. 将做法3在室温下静置松弛20~30分钟。
5. 将做法4放入已预热的烤箱，以上火170℃、下火190℃，烤20~25分钟至两侧捏起来有层次感，即完成。

老婆饼

油皮材料

中筋面粉	236克
猪油	94克
细砂糖	24克
盐	1克
水	95毫升

油酥材料

低筋面粉	150克
猪油	75克

内馅材料

Ⓐ

奶油	60克
水	28毫升

Ⓑ

糖粉	252克
糕仔粉	76克

Ⓒ

麦芽糖	84克

其他材料

全蛋	2个
蛋黄	1个

做法

1. 将内馅材料A煮至奶油完全溶化，放凉至50℃左右备用。
2. 将内馅材料B的粉类先过筛，再和材料C一起拌匀。
3. 将做法1倒入做法2中拌匀，放凉后，置入冰箱冷藏约30分钟备用。
4. 将做法3平均分割成15个备用。
5. 取一个擀卷松弛好的油酥皮，擀成圆形后，包入做法4馅料，再以虎口捏紧收口。
6. 将做法5压扁，擀成直径约10厘米之圆形。
7. 将全蛋、蛋黄拌匀过筛，刷在做法6表面上，再以叉子戳上小洞。
8. 将做法7放入已预热的烤箱，以上火220℃、下火180℃，烤20~25分钟，即完成。

蛋黄酥

油皮材料

中筋面粉	150克
奶油	50克
细砂糖	3克
水	65毫升

油酥材料

低筋面粉	130克
奶油	50克

内馅材料

乌豆沙	450克
咸蛋黄	8个

其他材料

黑芝麻	少许
蛋黄	2个
鸡蛋	1个（取1/3蛋清）

做法

1. 咸蛋黄以盐水洗净后，喷上米酒去腥，放入已预热的烤箱，以上下火180℃烤至表面变色；放凉后，每个均一切为二。
2. 将豆沙馅平均分割为15个，分别包上半颗做法1咸蛋黄备用。
3. 取一个擀卷松弛好的油酥皮，擀成圆形，包入做法2馅料，再以虎口捏紧收口。
4. 将蛋黄、蛋清拌匀过筛后，刷在蛋黄酥上，上面以黑芝麻装饰。
5. 将做法4放入已预热的烤箱，以上火200℃、下火180℃，烤约30分钟，即完成。

菠萝酥酥皮总重量算法：

将酥皮面团填满烤模后，取出称重除以2，再乘上要做的数量。

菠萝酥内馅总重量算法：

同酥皮总重量。(菠萝酥酥皮与内馅重量比为1：1)

土菠萝酥

油皮材料

奶油210克、糖粉60克、盐3克、奶粉24克、奶酪粉12克、炼乳48克、蛋黄2个（约40克）、低筋面粉300克

内馅材料

新鲜土菠萝600克、二砂糖100克、麦芽糖150克

做法

① 在钢盆中加入奶油，加入过筛后的糖粉、盐后搅拌均匀，再分次加入蛋液，搅拌均匀后，加入炼乳、奶酪粉、奶粉搅拌均匀。

② 于做法1中加入过筛后的低筋面粉，搅拌均匀，盖上保鲜膜，静置30分钟，即成酥皮面团备用。

③ 将土菠萝刨丝，放入锅中，加入二砂糖、麦芽糖后，开大火煮，一边均匀搅拌，煮至起泡。

④ 做法3转中火，捞去浮沫，继续搅拌材料至浓稠为止，放凉即成土菠萝馅备用。

⑤ 选择要使用的模具，取足量的做法2酥皮面团压入模内至满，再取出面团称出重量，即为菠萝酥的总重量。

⑥ 将做法5菠萝酥总重量除以2，即为每一个菠萝酥酥皮面团及内馅需要的重量（皮：馅 = 1：1）。

⑦ 将每一个菠萝酥酥皮需要的重量乘以要做的数量后，即为总酥皮重量，将称好的酥皮面团揉成长条，分割成要做的等份，即为每个菠萝酥所需皮的分量。

⑧ 再将每一个菠萝酥内馅需要的重量乘以要做的数量后，即为内馅总重量，将称好的内馅揉成长条，分割成要做的等份，即为每个菠萝酥所需内馅的分量。

⑨ 取一分好的酥皮面团，揉圆后压扁，取一分好的馅料，揉圆后放于压扁的面皮上，将面皮沿着馅料往上包覆至收口，压入烤模中压实压平，并放上烤盘。

⑩ 将做法9放入已预热的烤箱，以上火150℃、下火150℃，烤约10分钟至表面呈金黄后翻面，续烤10~15分钟，至表面呈金黄即可，实际分钟数依照烤箱状况和菠萝酥颜色呈现而定。

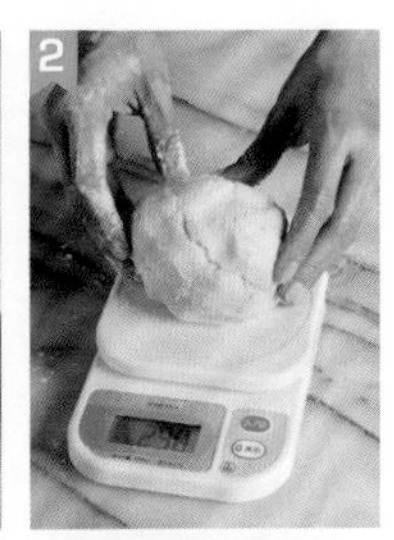

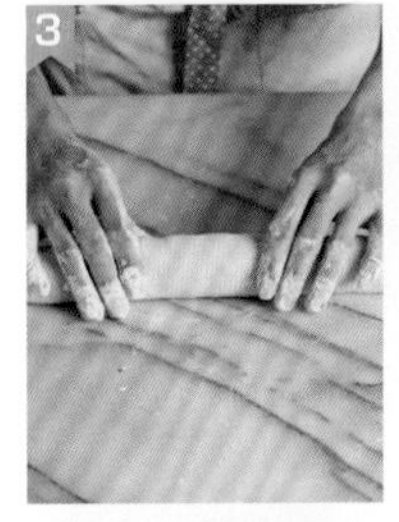

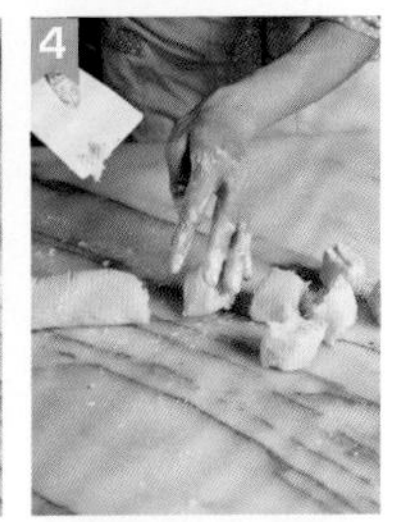

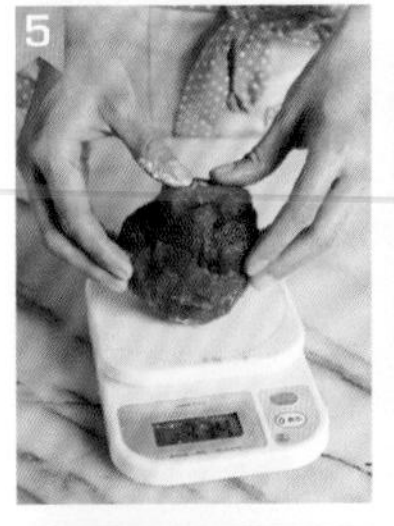

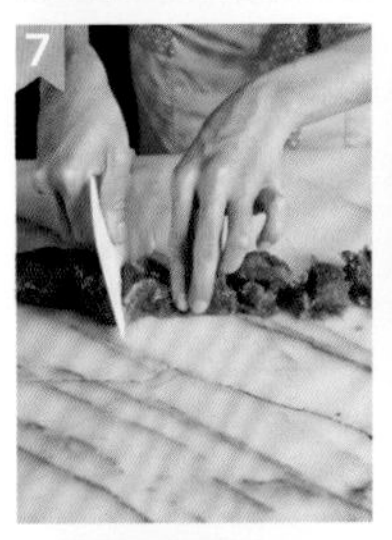

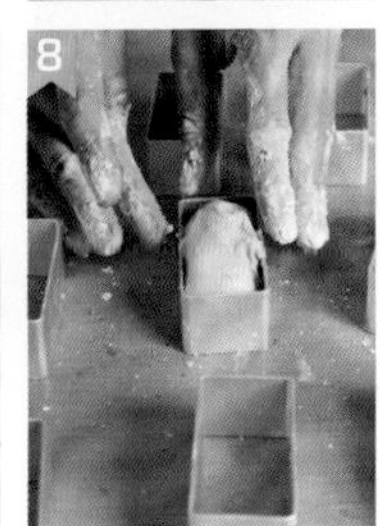

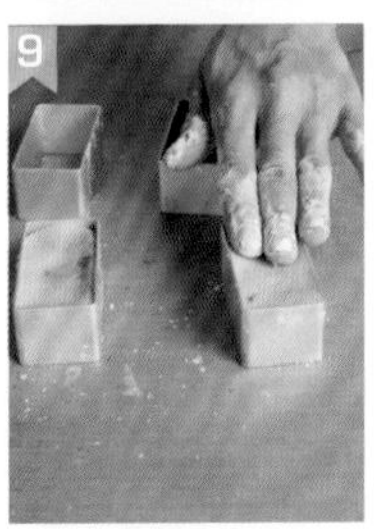

芝麻喜饼

油皮材料

中筋面粉	360克
细砂糖	72克
猪油	144克
水	144毫升

内馅材料

Ⓐ

细砂糖	250克
麦芽糖	50克
盐	2克
熟面粉	200克
奶油	75克
奶粉	25克
碎肥肉	250克
熟白芝麻	25克
葡萄干	38克
牛奶	75毫升

Ⓑ

咸蛋黄	75克
糖冬瓜	375克

其他材料

白芝麻	200克

做法

1. 将油皮材料混合搅拌至光滑，放入塑料袋内松弛约30分钟备用。
2. 将咸蛋黄烤至表面干燥变色，切成大块；糖冬瓜切小丁备用。
3. 将内馅材料A拌匀，再加入做法2的材料拌匀成团，平均分割成6个备用。
4. 将做法1松弛好的油皮平均分割成6个，包入做法3内馅，压扁后，擀成扁圆形，于表面刷水，并沾上白芝麻，正面朝下，在底部戳洞，置于烤盘上。
5. 将做法4放入已预热的烤箱，以上火200℃、下火220℃，烤至芝麻上色，再翻面，续烤至表面呈金黄色即可，共需30~35分钟。

叉烧酥

油皮材料

中筋面粉 236克
奶油 59克
鸡蛋 47克
细砂糖 19克
水 118毫升

油酥材料

低筋面粉 270克
白油 270克
玛其琳 190克

内馅材料

叉烧馅 360克

做法

1. 取一擀卷松弛好的油酥皮，擀成0.8~1厘米厚，压模包入叉烧馅，并于面皮边缘涂上蛋汁，压紧后，整型成饺子状，置于烤盘上。
2. 在做法1表面刷上蛋汁，再以叉子戳上小洞。
3. 将做法2放入已预热的烤箱，以上火220℃、下火200℃，烤15~20分钟，即完成。

叉烧馅

材料： 叉烧肉250克、洋葱100克、酱油15毫升、蚝油15毫升、细砂糖5克、水100毫升、水淀粉适量

做法： 1. 将叉烧肉、洋葱洗净切成丁状备用。
2. 起油锅，放入洋葱丁炒香，再加入叉烧肉拌炒均匀。
3. 其余材料以水拌匀后，加入做法2煮至入味，最后以水淀粉勾芡，放凉即可。

金枪鱼酥盒

油皮材料

中筋面粉	236克
奶油	59克
鸡蛋	47克
细砂糖	19克
水	118毫升

油酥材料

低筋面粉	270克
白油	270克
玛其琳	190克

内馅材料

金枪鱼馅	250克

其他材料

蛋黄	2个
鸡蛋	1个（取1/3蛋清）
番茄酱	适量

做法

1. 取一擀卷松弛好的油酥皮，擀成0.8~1厘米厚，再取大小相差1厘米左右之圆形菊花模，先压出大的圆形面皮，再将一半的面皮以小的圆模压成中空之圆形面皮，备用。
2. 取做法1一片大的面皮，于面皮边缘涂上蛋汁，再取做法1另一中空面皮覆盖在上面，略微压紧，于中间填上金枪鱼馅，边缘刷上蛋汁，置于烤盘上。
3. 将做法2放入已预热的烤箱，以上火220℃、下火200℃，烤15~20分钟。
4. 出炉后，在金枪鱼馅上挤上番茄酱装饰即可。

金枪鱼馅

材料： 金枪鱼罐头180克、洋葱60克、黑胡椒粉6克、沙拉酱25克、盐3克

做法： 1. 将洋葱切末备用。

2. 将金枪鱼罐头内多余的油脂滤掉，取出金枪鱼肉拌开成散状，加入做法1洋葱末及其他材料拌匀，即完成。

PART 5

巧用饼干材料做料理

难易度★★★★★

怎样将饼干材料巧妙地运用到我们平日的饮食中呢？本章将为您详细解答！

起酥皮

* **原始用途：** 糕饼表皮处理。

* **创意变化：** 盛装咸甜馅料的塔皮。

* **老师叮咛：** 起酥皮经过烘烤后会变得膨胀酥松，所以如果要做成填装馅料的塔皮，就要在酥皮中间压上重物再烘烤。

三文鱼酥皮塔

材料

三文鱼	100克
起酥皮	1片
洋葱末	1大匙
香菜末	1/2小匙
盐	1/4小匙
美乃滋	1小匙

做法

1. 三文鱼切成小丁，放入滚水中烫熟，捞起沥干备用。
2. 将三文鱼丁和洋葱末、香菜末、盐、美乃滋混合拌匀，分成4等份备用。
3. 将起酥皮分切成4片，压上重物后，放入预热的烤箱中，以100℃烤约2分钟后取出。
4. 在每片烤好的起酥皮上，分别填入一份做法2的三文鱼丁馅，再将起酥皮叠起即可。

示范菜谱

起酥皮

＊ 原始用途：糕饼表皮处理。

＊ 创意变化：包卷海鲜馅料。

＊ 老师叮咛：冷冻保存的酥皮不妨先稍微退冰至较为柔软时再使用，包卷的时候较为方便操作，同时也能防止因为太硬而破碎或断裂。

海鲜酥皮卷

材料

起酥皮	3片
鲷鱼	60克
虾仁	100克
墨鱼	60克
西芹末	5克
洋葱末	5克
蛋黄	1个
盐	1/4小匙
胡椒粉	1/4小匙

做法

1. 鲷鱼、虾仁、墨鱼均洗净，切成小丁，备用。
2. 热锅倒入少许食用油烧热，放入洋葱末和西芹末以小火炒出香味，再加入做法1材料和盐、胡椒粉以小火炒至熟透，盛出备用。
3. 起酥皮分别铺平，中央各摆上适量做法2海鲜料，包卷成圆筒状，外皮以刷子均匀刷上蛋黄液，移入烤盘备用。
4. 预热烤箱，放入做法3，以上火200℃、下火150℃烤约3分钟，至表面金黄色后取出即可。

起酥皮

* 原始用途：糕饼表皮处理。
* 创意变化：粥的配料。
* 老师叮咛：冷酥皮片的大小可随意调整，形状和大小不同，入口后的咀嚼感也会略有差异。

酥皮玉米粥

材料

猪肉泥	50克
米饭	50克
玉米酱	3大匙
芦笋段	2支
起酥皮片	适量
盐	1/4小匙
胡椒粉	1/4小匙
高汤	800毫升

做法

1. 酥皮切小片，排入烤盘，移入预热好的烤箱以200℃烘烤约3分钟至蓬松酥脆，取出备用。
2. 将米饭和高汤放入小汤锅以中火煮匀，加入猪肉泥、玉米酱、盐和胡椒粉拌匀，改小火熬煮至饭粒变软且汤汁略收干，放入芦笋段续煮至变色，盛入碗中，撒上做法1烤好的酥皮片即可。

指型饼干

* 原始用途：蛋糕装饰。
* 创意变化：可做成开胃菜或轻食小点。
* 老师叮咛：蔬果中水分较多，因此在夹入饼干前，要先将多余水分沥干，否则饼干会变得软烂而丧失口感。

手指小点心

材料

指型饼干	4条
熏鸡肉	30克
小黄瓜片	4片
西红柿片	4片
洋葱丝	5克
美乃滋	适量
粗黑胡椒粒	适量
生菜丝	适量
辣椒粉	少许

做法

1. 在指型饼干上挤入少许美乃滋。
2. 依序放上小黄瓜片、西红柿片、熏鸡肉、洋葱丝后，再挤上一层美乃滋。
3. 撒上少许粗黑胡椒粒，放上生菜丝后，盖上另一条指型饼干，最后撒上少许辣椒粉即可。

示范菜谱

奶酪片

✻ **原始用途：** 糕点的夹馅。

✻ **创意变化：** 切碎后用以增加肉丸子的软嫩度。

✻ **老师叮咛：** 当鸡肉丸子颜色炸至差不多金黄，以锅铲略压，感觉有弹性不会被压扁时即为熟透了。

奶酪鸡肉丸

材料

鸡胸肉末	300克
西芹末	30克
胡萝卜末	30克
奶酪片	2片
鸡蛋	1个
盐	1/4小匙
美乃滋	1小匙

炸粉

盐	1/4小匙
胡椒粉	1/4小匙

做法

1. 奶酪片切碎；将鸡胸肉末、鸡蛋、西芹末、胡萝卜末、盐和美乃滋一起放入大碗中，加入奶酪碎拌匀，稍微摔打至较有弹性后，分别挤成圆形小丸子约6颗，备用。
2. 炸粉材料放入盘中拌匀，放入做法1的鸡肉丸子均匀裹上一层炸粉，备用。
3. 锅中倒入适量食用油烧热至约150℃，放入做法2鸡肉丸子，以中火炸至表面呈均匀金黄色且熟透，捞出沥油即可。

示范菜谱

奶酪丝

* 原始用途：咸口味糕饼馅料。
* 创意变化：融化后可搭配不同材料任意改变造型，好吃又有趣味。
* 老师叮咛：奶酪丝加热至完全融化即可，利用余温就可以拌匀。

坚果奶酪

材料

什锦坚果　　50克
奶酪丝　　120克

做法

❶ 什锦坚果平铺于烤盘中，放入已预热的烤箱中，以150℃烤约7分钟，取出放凉备用。
❷ 取一不粘锅，放入奶酪丝及做法1坚果，以小火慢慢搅拌，待奶酪丝融化并与坚果充分混合后关火，倒入耐热保鲜膜中。
❸ 将做法2包卷成适当大小的圆筒，放凉凝固定型后，切片盛盘即可。

奶酪丝

＊ **原始用途：** 蛋糕内馅。

＊ **创意变化：** 可制成沙拉淋酱或蘸酱。

＊ **老师叮咛：** 越式米皮沾水后会变得湿粘，因此以湿纸巾铺在底下，可避免沾粘，也较容易卷起成形。

越式春卷佐热带水果

材料

越式米皮	3张
红辣椒	1个
生菜	50克
杏鲍菇	1朵
蒜	3瓣
粗黑胡椒粒	适量
盐	适量
热带水果酱	50克
凉开水	50毫升
柠檬汁	30毫升

做法

1. 将热带水果酱用凉开水稍加稀释后，再加入柠檬汁调匀备用。
2. 红辣椒、生菜、杏鲍菇洗净切丝；蒜切末备用。
3. 锅中加少许油烧热，放入蒜末爆香，再加入杏鲍菇炒软，以粗黑胡椒粒、盐调味。
4. 将一张厨房纸巾和越式米皮以凉开水沾湿后，把越式米皮放在湿纸巾上。
5. 在越式米皮上放上适量的生菜丝、红辣椒丝，及做法3的杏鲍菇。
6. 最后将越式米皮卷起、切段，食用时蘸上做法1的蘸酱即可。

示范菜谱

热带水果酱

* **原始用途：** 糕饼内馅。
* **创意变化：** 做成芋泥甜汤，滋味更香浓，轻松掌握浓稠口感。
* **老师叮咛：** 喜欢浓稠的芋泥汤底，稍微减少水量即可，不过芋泥汤在冷却后会变得更为浓稠，所以水量太少会变得很腻口。

芋泥西米露

材料

芋泥馅	200克
西谷米	25克
牛奶	50毫升

做法

1. 汤锅倒入约1000毫升水烧滚，加入西谷米拌匀，再次煮滚后改转小火，续煮约12分钟至西谷米心剩一小白点，关火后以冷开水冲凉，沥干备用。
2. 另取一汤锅，加入250毫升水、芋泥馅和牛奶，用搅拌器搅打均匀，再以小火煮滚，放入做法1的西谷米拌匀即可。

黑砂糖露

＊ **原始用途：** 黑糖风味的糖浆，可冲泡饮品、加入面包点心里做调味，或直接当淋酱淋在面包、松饼、点心或冰品等。

＊ **创意变化：** 黑砂糖露取代甘蔗，和猪脚一同熬煮更香浓。

卤猪脚

材料

Ⓐ

猪脚	600克
葱段	30克
姜片	20克
辣椒	2个

Ⓑ

水	600毫升
黑砂糖露	1/2小匙
酱油	160毫升
细砂糖	适量

做法

❶ 将猪脚剁小块，放入滚水中汆烫约2分钟后，捞起洗净备用。

❷ 热锅下约1大匙色拉油，以小火爆香葱段、姜片和辣椒后，移入汤锅中。

❸ 再加入做法1的猪脚及所有材料B，以中火煮开后盖上锅盖，改转小火持续煮约1小时后，关火焖约20分钟即可。

炼乳焦糖

＊ **原始用途：** 炼乳焦糖和巧克力浆一样，可以加入饮料中调味或是当淋酱，可淋在水果、冰淇淋、松饼或面包上。

＊ **创意变化：** 用炼乳焦糖取代糖作为腌料，可让烤鸡腿吃起来味道更香浓。

炼乳焦糖烤鸡腿

材料

鸡腿排　　1只

腌料

炼乳焦糖　　1/2大匙
盐　　1/4小匙
酒　　1小匙

做法

1. 鸡腿排洗净，加入所有混合的腌料腌约20分钟。
2. 将烤箱预热至180℃，放入做法1的腌鸡腿排，烤约10分钟后取出切片即可。

芋泥馅

* **原始用途：**糕饼内馅。

* **创意变化：**善用芋头甜咸口味皆宜的特性，让料理更有味道。

* **老师叮咛：**不同的芋头馅软硬度不太相同，若面团揉好后太湿软，可再适量加入一些低筋面粉揉匀。

蛋黄芋枣

材料

芋泥馅	300克
低筋面粉	100克
沸水	75毫升
咸蛋黄	5个

做法

1. 咸蛋黄放入盘中，移入蒸笼蒸约5分钟，取出放凉切对半备用。
2. 低筋面粉放入碗中，冲入沸水拌匀，再加入芋泥馅一起揉成团，分割成每个约30克的小面团，分别包入做法1的咸蛋黄，揉成圆球状。
3. 热锅倒入适量油烧热至约150℃，依序放入做法2的面团，以中小火炸至表面呈金黄色即可。

示范菜谱

芋泥馅

* 原始用途：糕饼内馅。
* 创意变化：松软绵密口感的面皮替代品。
* 老师叮咛：市售的芋泥馅可以直接食用，但若喜欢口感更加绵密，可以喷少许水再放入微波炉热30秒，或用电锅蒸热。

芋头泥包咖喱肉松

材料

芋泥馅　100克
肉松　50克
咖喱粉　1小匙

做法

1. 将肉松与咖喱粉混合拌匀备用。
2. 取约5克做法 1 的肉松，包入10克的芋泥馅中，剩下的材料也这样包好。
3. 将做法 2 的芋泥馅以模型挤压定型后，即可取出食用。

土菠萝酱

＊ **原始用途：** 菠萝酥内馅。

＊ **创意变化：** 取代新鲜菠萝，增添料理的鲜嫩与香气。

＊ **老师叮咛：** 土菠萝酱的甜味比新鲜菠萝高，料理之前最好先试过土菠萝酱的甜度，再视情况调整细砂糖的用量，以免汤汁变得过甜腻口。

菠萝烧鱼

材料

鲜鱼	300克
葱丝	10克
洋葱丝	20克
姜末	15克
红辣椒酱	2大匙
土菠萝酱	30克
水	200毫升
椰浆	50毫升
盐	1/4小匙
细砂糖	1/2小匙

做法

1. 土菠萝酱与水放入碗中调匀；鲜鱼洗净沥干后两面各划一刀，放入以3大匙色拉油烧热的油锅，小火煎至两面酥脆。
2. 做法2锅底留少许油，续以小火烧热，放入葱丝、洋葱丝和姜末略炒，再加入红辣椒酱续炒出香气。
3. 将做法1煎好的鱼放入做法2锅中，再加入做法1的酱汁、椰浆、盐和细砂糖，稍微拌匀后盖上锅盖，以小火焖煮约5分钟至鱼肉熟透即可。

土菠萝酱

* 原始用途：菠萝酥内馅。
* 创意变化：用于制作烤肉酱，增加色泽的亮度与透明感。
* 老师叮咛：鸡翅取出涂抹烤肉酱时动作要快，否则鸡翅温度会很快降温，再次烘烤时就不容易熟透入味，吃起来口感会变得比较干硬。

果香烤鸡翅

材料

Ⓐ

鸡中翅	10只

Ⓑ

盐	1/2小匙
米酒	2大匙
白胡椒粉	1/4小匙

Ⓒ

土菠萝酱	50克
蒜仁	20克
姜片	20克
酱油膏	80克
细砂糖	1大匙
米酒	2大匙
水	2大匙

做法

1. 鸡中翅洗净沥干水分，放入碗中，加入调匀的材料B拌匀并腌约30分钟。
2. 将所有材料C放入果汁机中，以高速搅打均匀，倒出作为烤肉酱备用。
3. 将做法1的鸡翅平铺于烤盘上，放入已预热的烤箱中，以250℃烤约8分钟，取出均匀涂上做法2的烤肉酱，再放入烤箱续烤约5分钟后取出即可。

菠萝馅

* **原始用途：** 菠萝酥。
* **创意变化：** 腌肉或作酱汁。
* **老师叮咛：** 菠萝馅富有酵素，拿来腌肉可让肉质变松软，但要记得控制时间，不要腌太久，以免鸡腿肉质过于松散，吃起来没口感。

菠萝鸡腿佐菠萝松子酱

材料

仿土鸡腿	1只

腌料

绍兴酒	1大匙
五香粉	1小匙
盐	1小匙
菠萝馅	1小匙

酱汁

细砂糖	1小匙
盐	1小匙
菠萝馅	2大匙
水	8大匙
柠檬汁	1大匙
松子仁	1大匙
辣椒碎	1小匙

做法

1. 仿土鸡腿洗净，加入腌料中的绍兴酒、五香粉、盐腌一个晚上，再加入1小匙菠萝馅腌30分钟，再放入平底锅中煎熟，捞起盛盘备用。
2. 在做法1的锅中加入少许油（材料外），将辣椒碎爆香，加入酱汁材料中的细砂糖、盐、菠萝馅和水煮至滚。
3. 起锅前再加入柠檬汁及松子仁略拌，淋在做法1煎熟的鸡腿上即可。

金橘菠萝膏

* 原始用途：做菠萝酥。
* 创意变化：做成创意凉面酱汁。

金橘菠萝凉面

材料

凉面	150克
小黄瓜	1/3条
胡萝卜	1/3条
海苔片	1片
蛋皮	1片
七味粉	适量

腌料

金橘菠萝膏	3大匙
水	10大匙
芝麻酱	2大匙
酱油	1大匙
香油	1小匙
美乃滋	1大匙
蒜泥	1小匙

做法

1. 小黄瓜、胡萝卜洗净切丝，用饮用水浸泡；海苔片剪细丝放入保鲜盒；蛋皮切丝备用。
2. 将金橘菠萝膏和水加热煮滚，冷却后再加入芝麻酱、酱油、香油、美乃滋和蒜泥拌匀即成金橘菠萝酱汁。
3. 将凉面卷成团盛盘，排入做法1的所有材料，淋上做法2的金橘菠萝酱汁，撒上少许七味粉。

苹果派馅

＊ **原始用途：** 做烘焙西点或蛋糕的夹层内馅。

＊ **创意变化：** 和鸡肉一起料理，酸甜又开胃。

苹果炒鸡片

材料

A

鸡胸肉	200克
粗地瓜粉	适量
红甜椒	1/3个
黄甜椒	1/3个
洋葱	1/3颗
蒜碎	2大匙
苹果派馅	3大匙

B

细砂糖	3大匙
白醋	2大匙
盐	1小匙

腌料

米酒	1小匙
盐	1小匙
水	1小匙
白胡椒粉	1小匙

做法

1. 鸡胸肉洗净切成块状，加入混合拌匀的腌料中，腌30分钟后，沾裹粗地瓜粉，放入油温为160℃的油锅中炸至上色，捞起沥油备用。
2. 红甜椒、黄甜椒和洋葱洗净切片，放入做法1的油锅中过油，捞起沥油备用。
3. 将做法2的油锅留少许油，放入蒜碎爆香，再加入材料B和做法1、2的所有材料快炒拌匀，最后加入苹果派馅炒匀即可盛盘。

示范菜谱

芒果泥

＊ **原始用途：** 慕斯蛋糕。

＊ **创意变化：** 作为面食或凉菜的凉拌酱汁。

＊ **老师叮咛：** 在煮面时加点盐，除了可以让面条更劲道外，还能增加面条的咸味。

芒果泥凉面

材料

天使发面	100克
盐	1大匙
橄榄油	适量
水	适量

腌料

橄榄油	适量
罗勒碎	5克
辣椒碎	10克
蒜碎	10克
盐	1/2小匙
芒果泥	50克
芒果丁	100克
水	160克

做法

1. 锅中加水煮滚后，加入1大匙的盐和适量橄榄油，将天使发面放入煮至全熟。
2. 将做法1的天使发面沥干水分，趁热拌入酱汁材料中的橄榄油、罗勒碎、辣椒碎、蒜碎和盐后盛盘。
3. 再淋上芒果泥，放上芒果丁即可。

燕麦片

* 原始用途：甜/咸麦片粥，烘焙添加品。
* 创意变化：用燕麦片取代裹在肉丸子外的面包粉，油炸后吃起来更有口感。
* 老师叮咛：炸丸子时，火不可太大，以免将丸子炸糊。

燕麦丸子

材料

Ⓐ

燕麦片	200克
猪肉泥	300克
葱末	5克

Ⓑ

酱油	1/2小匙
白胡椒粉	1/4小匙

做法

1. 将所有材料A混匀，加入混合的材料B拌匀后，略摔打成肉馅。
2. 将做法1的肉馅捏成等份的小圆球。
3. 油锅加热至约150℃，再放入做法2的燕麦丸子，炸约3分钟至熟即可。

燕麦片

* **原始用途：** 甜/咸麦片粥，烘焙添加品。

* **创意变化：** 增添料理香气与去油解腻。

* **老师叮咛：** 五花肉因为用酱油腌过，烹煮时很容易焦黑，所以火不能太大，若回炒时出油过多，可以将部分油倒出来。

燕麦片炒回锅肉

材料

燕麦片	50克
五花肉	300克
蒜苗	1根
蒜	5瓣
油葱酥	10克
盐	1/2大匙
糖	1/2大匙
胡椒粉	少许
柠檬	1/3颗
生菜	适量

腌料

酱油	2大匙
五香粉	1/2大匙
胡椒粉	1/2大匙
米酒	1大匙

做法

1. 将五花肉洗净，用腌料腌渍1~3天。
2. 蒜苗洗净切丁；蒜洗净切片；柠檬榨汁备用。
3. 锅中加少量油将做法 1 的腌猪肉煎至半熟后盛起，再切成丁状。
4. 接着放回锅中快炒至油逼出来，再加入蒜片炒到肉微呈焦香，再加入盐、糖、胡椒粉、蒜苗丁，拌炒至蒜苗丁香气溢出后关火。
5. 利用余温倒入燕麦片、油葱酥拌匀后起锅，最后挤上柠檬汁搭配生菜一块食用。

示范菜谱

葡萄干

＊ **原始用途：** 糕饼、面包内馅或装饰。

＊ **创意变化：** 增添料理的果香与鲜甜风味。

＊ **老师叮咛：** 威士忌的用途在于去除肉腥味并添加香气，选择威士忌是为了撷取它独特的谷香，组合出更丰富的风味，若手边没有也可选用其他酒类来制作。

提子黄姜鸡

材料

Ⓐ

鸡腿肉	350克
蒜末	10克
姜末	10克
洋葱	80克
土豆	100克
胡萝卜	50克
葡萄干	40克

Ⓑ

黄姜粉	1小匙
威士忌	30毫升
水	200毫升
盐	1小匙
细砂糖	1大匙

做法

1. 鸡腿肉洗净沥干，切成约3厘米见方的小块，备用。
2. 洋葱去皮洗净切片，土豆和胡萝卜均去皮洗净切块，备用。
3. 热锅倒入1大匙色拉油烧热，加入蒜末及姜末以小火爆香，再加入做法1鸡腿肉块，改中火翻炒至鸡肉表面变白。
4. 将洋葱片放入锅中，续以中火翻炒至香味溢出，再加入土豆块、胡萝卜块、葡萄干和所有材料B拌匀煮至滚沸后，改转小火，续煮约15分钟至鸡腿肉块熟透且汤汁略收干即可。

葡萄干

* **原始用途：**糕饼、面包内馅或装饰。
* **创意变化：**增添料理的果香与鲜甜风味。
* **老师叮咛：**柠檬汁常用于西式面点的制作中，使其风味更加独特。

葡萄干小塔

材料

饼干	200克
融化奶油	60克
葡萄干	160克
水	200毫升
糖	10克
红酒	100毫升
奶油	25克
柠檬汁	20毫升
烤香核桃仁	30克
防潮糖粉	适量

做法

❶ 将饼干打成碎屑后，加入融化奶油揉成团状，放入塔盘压定型。
❷ 把葡萄干放入锅中，加入水、糖以小火煮到葡萄干变得湿软，直到多余水分收汁。
❸ 将做法2的材料和红酒一同放入果汁机中打成泥状。
❹ 再将做法3的果泥倒回锅中熬煮至水分收干。
❺ 续加入奶油、柠檬汁和烤香核桃仁拌匀。
❻ 将做法5的馅料填入做法 1 的饼干塔内，最后再撒上防潮糖粉即可。

杏仁角

＊ **原始用途：** 加在巧克力或烘焙西点中使用。

＊ **创意变化：** 取代面包粉，油炸后更添口感和香气。

杏仁蒜香炸猪排

材料

猪排	2片

腌料

蒜泥	1大匙
米酒	1大匙
盐	1小匙

蘸料

低筋面粉	50克
鸡蛋	1个
杏仁角	200克

做法

1. 将猪排拍打断筋，加入混合拌匀的腌料材料中，腌30分钟备用。
2. 将做法1的猪排依序沾裹少许低筋面粉、鸡蛋液，最后再沾满杏仁角，放入油温约150℃的油锅中炸，炸至外观金黄，即可捞起沥油后盛盘。

示范菜谱

杏仁片

＊ **原始用途：**糕饼外层。

＊ **创意变化：**增添炸烤类料理香气。

＊ **老师叮咛：**做醋饭时，醋水不要一下子倒入，应视米饭的湿度做调整，米粒要有点湿润，但仍具粘性才能压模成型。

杏仁片小饭团

材料

烤熟杏仁片	适量
熟米饭	1碗
白醋	3大匙
糖	3大匙
味醂	适量
胡萝卜	1条
小黄瓜	1条
肉松	适量
海苔粉	少许

做法

1. 将白醋、糖、味醂一同煮滚溶解后，放凉备用。
2. 将米饭倒入适量做法1的醋水后，再撒上海苔粉，然后混合拌匀。
3. 胡萝卜洗净切条汆烫；小黄瓜洗净切条去籽。
4. 把做法2的米饭放至饭团模型的一半，加入适量肉松、做法3的胡萝卜条及小黄瓜条，再以米饭填满模型后压实。
5. 将饭团倒出后，在外层沾上烤熟的杏仁片即可。

核桃仁

* **原始用途：**糕点的内馅或装饰。

* **创意变化：**与奶油搭配成烤酱可增加海鲜的风味。

* **老师叮咛：**奶油可事先取出于室温中软化，就算融化了也没关系，和核桃仁碎一起均匀淋在虾肉上就可以。

奶油核桃焗虾

材料

鲜虾	6只
核桃仁碎	2大匙
奶油	1大匙
柠檬皮末	1/4小匙
盐	1/4小匙
胡椒粉	1/4小匙

做法

❶ 奶油放入小碗中，软化后加入核桃仁碎拌匀，备用。

❷ 鲜虾洗净去除肠泥，从背部剖开成蝴蝶片状，但头尾处不切断，分别摊开排入烤盘中，备用。

❸ 将盐和胡椒粉均匀撒在做法2鲜虾上，再均匀抹上做法1核桃仁奶油酱，移入预热好的烤箱，以200℃烘烤约3分钟，取出均匀撒上柠檬皮末即可。

蔓越莓干

＊ **原始用途：** 饼干馅料。

＊ **创意变化：** 可增加料理中的果香和天然酸甜味。

蔓越莓核桃烤鸡腿卷

材料

蔓越莓	30克
核桃仁	20克
鸡腿	1只

腌料

盐	1/4小匙
胡椒粉	1/4小匙

做法

1. 将鸡腿去骨洗净后，加入盐和胡椒粉拌匀腌渍约10分钟。
2. 取出做法1腌好的鸡腿，摊平后在内层铺上蔓越莓、核桃后，卷紧以牙签固定封口。
3. 烤箱预热后，放入做法2的鸡腿卷，以上火150℃、下火150℃烤约15分钟，待肉熟透后取出放凉切片即可。

示范菜谱

巧克力酱

＊ **原始用途：** 做饼干配料。

＊ **创意变化：** 可作内馅使用。

＊ **老师叮咛：** 包裹的馄饨皮捏紧后，记得封口处要涂上一层面糊，油炸时才不会爆开。

爆浆草莓巧克力元宝

材料

巧克力酱	100毫升
草莓	10颗
鸡蛋	1个
面粉	200克
奶酪丝	100克
馄饨皮	10张

做法

1. 将鸡蛋打散成蛋液后，加入面粉调成糊状备用。
2. 草莓洗净后去蒂，以挖球器将中间果肉挖出。
3. 在挖空的草莓中填入约10克奶酪丝，在洞口淋上巧克力酱。
4. 待巧克力酱稍微凝结后，把草莓放入做法1的面糊中均匀沾裹，再以馄饨皮将草莓包成元宝状。
5. 取油锅加热至约150℃，放入做法4的草莓巧克力元宝，炸约2分钟至外观呈金黄色，捞起沥油。
6. 食用前可依个人喜好撒上糖粉（材料外）。

示范菜谱

可可粉

＊ **原始用途：** 可可粉可用来加在蛋糕或饼干里，以变化甜点的口味，也能直接加进牛奶里冲泡饮用。

＊ **创意变化：** 将可可粉加入咖喱酱中同煮，味道和口感会更加香醇。

咖喱鸡

材料

去骨鸡腿肉	300克
冷冻三色蔬菜	100克
红葱末	20克
蒜末	10克
水	400毫升
咖喱粉	1大匙
盐	1/2小匙
可可粉	2小匙
细砂糖	1小匙

做法

1. 将去骨鸡腿肉洗净切小块；热锅，加入约2大匙油，放入红葱末、蒜末以小火爆香后，放入鸡腿肉块以大火翻炒至表面变白。
2. 再加入咖喱粉略炒香，放入水及可可粉，用大火煮开后，改转小火，再续煮约20分钟。
3. 最后加入盐、细砂糖及三色蔬菜，煮至汤汁略浓稠即可。

香草棒

* **原始用途：** 天然香草棒跟人工合成的香草精比较起来，味道清香而且富含天然营养素，可以拿来增加甜点或内馅的香气。

* **创意变化：** 将香草棒和砂糖混打成香料糖后，可为甜汤增加风味。

香草红豆汤

材料

红豆	100克
水	1000毫升
细砂糖	300克
香草棒	2支

做法

❶ 细砂糖放入果汁机中，再放入剪成约1厘米长的香草棒小段，以高速打约1分钟，取出即成香草糖粉。

❷ 红豆洗净放入锅中，倒入水以大火煮开后，转小火煮约90分钟。

❸ 将做法2的红豆续煮至透烂，再加入适量做法1的香草糖粉即可。

椰子粉

＊ **原始用途：**糕饼馅料。

＊ **创意变化：**取代面包粉的酥炸外皮。

＊ **老师叮咛：**椰子粉在油炸时，若油温太高，很容易就会焦黑，因此要以小火低温油炸。若想让口感更丰富，也可以用粗的椰子丝代替。

培根土豆炸椰子粉

材料

土豆	2个
蒜碎	10克
洋葱碎	30克
培根	1片
水	适量
盐	适量
糖	适量
鸡蛋	1个
低筋面粉	适量
椰子粉	适量

做法

1. 将土豆去皮洗净切片，加入蒜碎，以盖过土豆高约一指的滚水煮至熟软。
2. 培根先以滚水汆烫捞起，再煎至焦香，切碎备用；鸡蛋打成蛋液备用。
3. 将做法1煮至松软的土豆和做法2的培根碎、盐、糖一同拌匀压成泥。
4. 将做法3的土豆泥捏整成喜爱的大小和形状，先沾低筋面粉后，再沾上蛋液和椰子粉，放入油锅中以低油温炸至上色，捞起沥油即可。

示范菜谱

椰糖粉

* ＊ **原始用途：** 东南亚甜点调味。
* ＊ **创意变化：** 增添泰式、滇缅料理的风味。
* ＊ **老师叮咛：** 先将肉炒至半熟再下辛香料，可避免蒜末焦掉；椰糖粉经过拌炒后，会焦化而产生香气。

创意打抛肉

材料

猪肉泥	600克	生菜	1/3颗
蒜	6瓣	蚝油	2大匙
红辣椒	1个	酱油	1大匙
罗勒叶	30克	鱼露	1大匙
椰糖粉	4大匙		
水	1/4杯		
食用油	1大匙		
柠檬	1/2颗		

做法

1. 蒜、红辣椒洗净切碎末；柠檬洗净榨汁；蚝油、酱油和鱼露混合拌匀备用。
2. 锅中加油烧热后，倒入猪肉泥炒至半熟，放入蒜碎、红辣椒碎炒香，再加入椰糖粉拌炒。
3. 接着倒入做法 1 的蚝油、酱油、鱼露炒至收汁，再加入水煮滚。
4. 关火后利用余温加入柠檬汁、罗勒叶拌炒匀即可。

示范菜谱

蓝莓派馅

＊ **原始用途：** 水果派馅料。

＊ **创意变化：** 制作水果风味烧肉酱汁，使肉质鲜嫩，水果颗粒同时让口感更具层次感。

＊ **老师叮咛：** 腌肉块蘸上淀粉后，稍微抓捏一下，可以让表皮蘸料较厚，油炸后口感会更酥脆。

蓝莓咕咾肉

材料

猪里脊肉块	300克
红甜椒块	40克
黄甜椒块	40克
小黄瓜块	40克
淀粉	适量

腌料

Ⓐ

米酒	1大匙
蛋清	1大匙
淀粉	1小匙
盐	1/6小匙

Ⓑ

白醋	1大匙
蓝莓派馅	2大匙
水	3大匙
细砂糖	1大匙

Ⓒ

香油	适量

做法

❶ 将猪里脊肉块放入碗中，加入腌料A抓匀并腌渍约5分钟。

❷ 将做法1裹上淀粉并抓捏至紧实，放入热油中以小火炸约4分钟至熟透，捞出沥油备用。

❸ 另取一锅倒入少许油烧热，加入红甜椒块、黄甜椒块、小黄瓜块略炒，再加入腌料B以小火煮滚，加入做法2的炸肉块迅速翻匀，关火后淋入香油拌匀。

紫米米香

* **原始用途：** 烘焙添加品。
* **创意变化：** 增加料理食材的酥脆口感。
* **老师叮咛：** 虾仁要爽脆才好吃，所以食材要炒得不过湿不过油。将每样食材分别炒香，还能增加多层次的口感。

虾仁生菜卷

材料

生菜	1颗	胡椒粉	适量
肉泥	50克	盐	适量
蒜碎	10克	糖	适量
洋葱碎	30克	食用油	少许
胡萝卜丁	30克	紫米米香	适量
笋丁	30克		
虾仁丁	50克		
鸡蛋	1个		
韭菜花碎	适量		

做法

1. 将生菜洗净沥干，撕成碗状大小；鸡蛋打成蛋液备用。
2. 取锅加入少许油烧热后，将做法1蛋液缓缓倒入，同时不断翻炒至呈干香碎末状，盛盘备用。
3. 续于做法2锅中加入少许油，将肉泥炒香后，依序加入蒜碎、洋葱碎、胡萝卜丁、笋丁、虾仁丁和韭菜花碎炒香。
4. 关火后，倒入做法2的蛋碎，再加入胡椒粉、盐、糖调味，起锅后盛放在做法1的美生菜中，再撒上紫米米香即可。

米果粒

* 原始用途：糕饼外衣。
* 创意变化：取代面包粉作为炸物的裹衣沾料，吃起来口感更加松脆爽口。
* 老师叮咛：米果容易炸焦，所以油炸时油温要略低。将每样食材分别炒香，还能增加多层次的口感。

米果虾球

材料

Ⓐ

虾仁	200克
葱花	20克
姜末	10克
米果粒	50克

Ⓑ

盐	1/6小匙
细砂糖	1/4小匙
白胡椒粉	16小匙
淀粉	1大匙
香油	1小匙

做法

1. 虾仁洗净去肠泥，以刀面拍成泥状，放入碗中加入所有材料B、葱花和姜末，拌匀成虾浆备用。
2. 将做法1虾浆挤成每颗重约20克的虾球，表面均匀沾上米果粒备用。
3. 锅中倒入适量油烧热至约150℃，放入做法2的虾球以小火慢炸，以筷子轻轻翻面，炸约4分钟至表面呈淡金黄色即可捞起。

示范菜谱

白油

＊ **原始用途：**糕饼酥馅。

＊ **创意变化：**增加冰品口感滑顺度。

古早味芋香冰淇淋

材料

白油	20克
牛奶	50毫升
芋头馅	150克
油葱酥	1/2小匙
葱末	1/4小匙
糖	100克
盐	1/4小匙

做法

1. 将白油、牛奶、糖、盐放入锅中加热溶解后，加入芋头馅以小火煮沸至浓稠。
2. 放凉后以搅拌器搅拌一下，再盛装于容器内，在上面撒上油葱酥和葱末。
3. 放入冰箱上层至冷冻凝结即可。

示范菜谱